全国高职高专激光领域人才培养"十三五"规划教材

激光原理及应用项目式教程

主　编:肖海兵　刘明俊　董　彪　张振久

华中科技大学出版社
中国·武汉

内 容 简 介

本书根据高职高专教育的培养目标和教学特点,遵循"实用、够用"的原则,强调可操作性和实用性,注重培养学生的动手能力和解决实际问题的能力。

本书可作为高职高专激光领域的基础课程教材,也可供独立院校、成人院校和社会工作者使用。

图书在版编目(CIP)数据

激光原理及应用项目式教程/肖海兵等主编. —武汉:华中科技大学出版社,2018.6
全国高职高专激光领域人才培养"十三五"规划教材
ISBN 978-7-5680-3982-6

Ⅰ.①激…　Ⅱ.①肖…　Ⅲ.①激光理论-高等职业教育-教材　②激光应用-高等职业教育-教材
Ⅳ.①TN24

中国版本图书馆 CIP 数据核字(2018)第 130164 号

激光原理及应用项目式教程　　　　　　　　　　肖海兵　刘明俊　董　彪　张振久　主编
Jiguang Yuanli ji Yingyong Xiangmushi Jiaocheng

策划编辑:汪　富
责任编辑:罗　雪
封面设计:原色设计
责任监印:周治超
出版发行:华中科技大学出版社(中国·武汉)　　电话:(027)81321913
　　　　　武汉市东湖新技术开发区华工科技园　　邮编:430223
录　　排:武汉三月禾文化传播有限公司
印　　刷:武汉华工鑫宏印务有限公司
开　　本:787mm×1092mm　1/16
印　　张:11.5
字　　数:291千字
版　　次:2018 年 6 月第 1 版第 1 次印刷
定　　价:32.00 元

前　言

激光产业蓬勃发展，在我国已经形成华中地区、环渤海、长三角、珠三角激光产业群，激光应用越来越广泛。2017年，深圳信息职业技术学院特种加工技术专业（激光加工技术方向）、机械设计专业的多名同学被深圳市大族激光科技股份有限公司、深圳市联赢激光股份有限公司等国内一流的激光企业录用。激光加工技术专业的人才需求越来越大。

结合深圳激光产业的发展，深圳信息职业技术学院机电工程学院特种加工技术专业（激光加工技术方向）于2013年成立，已经建成较完善的激光加工实训室，目前有5台激光打标机（1台 CO_2 激光打标机、3台光纤打标机、1台三维紫外激光打标机）、4台激光切割机（1台光纤激光切割机、1台固体激光切割机、2台紫外激光精密切割机）、2台激光焊接机、2台激光内雕机、1套激光熔覆设备、4套光路调试系统、1套激光智能工作站、1套皮秒激光并行多光束微纳加工系统、1套三维机器人光纤激光切割系统等先进的激光加工设备。越来越多的同学对激光加工技术有兴趣，故我们在特种加工技术专业（激光加工技术方向）与机械设计专业开设"激光原理与技术"课程。本课程是特种加工技术专业（激光加工技术方向）的核心课程，是机械设计专业的拓展课程。

本书是在深圳信息职业技术学院2014、2015、2016年激光加工技术专业（现改为：特种加工技术专业）教学的基础上，结合学校激光加工技术实训设备而编写的。

本书作为特种加工技术专业（激光加工技术方向）、机械设计专业的"激光原理与技术"课程的教学指导教材，强调可操作性、实用性，注重培养学生的动手能力和解决实际问题的能力。

本书共12个项目，分别是项目1激光与激光应用概述，项目2激光产生的原理，项目3光学谐振腔，项目4激光器与激光技术，项目5激光应用——激光打标技术，项目6激光应用——中小功率激光金属切割，项目7激光应用——紫外激光切割与超短脉冲皮秒激光切割，项目8激光应用——激光雕刻，项目9激光应用——激光焊接技术，项目10激光应用——激光内雕，项目11激光应用——激光熔覆技术，项目12激光设备仿真教学系统。深圳信息职业技术学院的肖海兵高级工程师编写项目1、项目2、项目4、项目5、项目6、项目7、项目8、项目9、项目11，刘明俊副教授参与编写项目5、项目10，张振久博士参与编写项目9；武汉天之逸科技有限公司的董彪编写项目3、项目12。全书由肖海兵统稿。

本书在编写过程中参考了有关的著作、论文和激光实训室激光加工设备使用说明书等资料，得到了武汉天之逸科技有限公司的大力支持，在此向相关单位及人员表示感谢！

由于作者水平有限，本书还存在不足，敬请读者朋友批评指正，我们将进一步完善。

编　者

2018年3月

目　　录

项目 1

激光与激光应用概述

> **项目任务要求与目标**
> ● 了解激光的产生和发展；
> ● 了解国内外激光产业；
> ● 了解激光加工技术专业及课程设置。

1.1 激光的产生和发展

激光的产生和发展对光学、材料、先进制造、信息科技等都已有巨大影响。激光可使人们有效地利用前所未有的先进方法和手段获得空前的效益和成果，从而促进生产力的发展。

1905 年，爱因斯坦提出了"光量子"假说，认为辐射不仅在发射和吸收过程中是以量子的形式出现的，而且辐射本身也是由光量子组成的。1909 年，爱因斯坦在《论辐射问题的现状》中明确指出，普朗克定律本身隐含着这样的内容——辐射场不仅显示出波动性，而且显示出粒子性；第一次明确提出辐射的"波粒二象性"概念。1911 年，卢瑟福提出原子结构的核模型。1913 年，玻尔提出原子结构假说，但没能说明原子是如何从一个定态跃迁到另一个定态的；同年，玻尔借鉴普朗克的量子概念提出了全新的原子结构模型；之后因此获得 1922 年诺贝尔物理学奖。1917 年，爱因斯坦在玻尔的原子结构基础上，提出了受激辐射理论，为激光的出现奠定了理论基础。

爱因斯坦

玻尔

1946 年，布洛赫提出粒子数反转概念。1947 年，兰姆等人指出通过粒子数反转可以实现受激辐射。1948 年，珀塞尔发现粒子数反转现象，提出负温度的概念；1952 年，他与布洛赫获得诺贝尔物理学奖。1949 年，卡斯特勒发明光泵；1966 年他获得诺贝尔物理学奖。1951 年，汤斯提出受激辐射微波放大，即"maser"概念。1952 年，韦伯提出微波激射器原理。1958 年，贝尔实验室的汤斯和肖洛发表了关于激光器的经典论文，奠定了激光发展的基础。

汤斯

肖洛

西奥多·梅曼

1954年，第一台氨分子maser建成，首次实现了粒子数反转。其主要作用是放大无线电信号，以便研究宇宙背景辐射。1958年，肖洛与汤斯合作，率先发表了关于在可见光频段工作的激射器的设计方案和理论计算的论文。这又将激光研究推上了一个新阶段。汤斯由于在受激辐射放大方面的成就获得1964年诺贝尔物理学奖。

1960年，西奥多·梅曼在加利福尼亚州马里布的休斯研究实验室设计和制造了一台小型激光发生器。他将闪光灯线圈缠绕在指尖大小的红宝石棒上，利用一个高强闪光灯管刺激红宝石，产生了第一条激光，从此开启了激光时代。梅曼宣布世界上第一台激光器由此诞生。

1961年9月，我国第一台红宝石激光器问世，如图1-1所示。它由长春光学精密机械研究所王之江领导设计，并由邓锡铭、汤星里、杜继禄等共同研制而成。1964年12月，钱学森建议将"受激辐射的光放大"命名为"激光"，在第三届光受激辐射学术会议上通过。

图1-1　我国第一台红宝石激光器

1961年，第一台气体（He-Ne）激光器问世。1962年，第一台半导体激光器诞生。1964年，帕特尔发明了第一台CO_2激光器。1965年，贝尔实验室发明了第一台YAG激光器。1967年，第一台X射线激光器研制成功。1971年，第一台商用1 kW的CO_2激光器诞生。1997年，美国麻省理工学院的研究人员研制出第一台原子激光器。

50多年来，激光技术与应用发展迅猛，已与多个学科相结合形成多个应用技术领域，比如光电技术、激光医疗与光子生物学、激光加工技术、激光检测与计量技术、激光全息技术、激光光谱分析技术、非线性光学、超快激光学、激光化学、量子光学、激光雷达、激光制导、激光分离同位素、激光可控核聚变、激光武器等等。这些交叉技术与新的学科的出现，大大地推动了传统产业和新兴产业的发展。

1971年至2000年，激光切割、焊接、表面处理等激光加工技术（见图1-2）的研究与开发工作不断开展。在工业上，激光被用来作为锯和钻头，而且它永远不会变钝。激光第一次作此用途是加工硬度很高的材料，如钻石，或非常柔软的材料，如婴儿奶瓶的奶嘴。低功率激光可以切割和焊接塑料，高功率激光可以切割和焊接金属。激光加工方法的应用如图1-3所示。早期的工业激光器，必须要非常庞大才能提供足够的能量，但新的固态激光器却小巧得令人吃惊。如今一段细光纤或几分之一毫米厚、扑克牌大小的盘片就能产生千瓦级的能量，足以切开几厘米厚的金属板。

图 1-2　激光加工技术

（a）光纤激光切割　（b）机器人激光焊接　（c）激光飞行打标

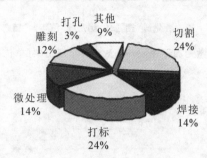

图 1-3　激光加工方法应用

激光是 20 世纪以来，继原子能、计算机、半导体之后，人类的又一重大发明，被称为"最快的刀""最准的尺""最亮的光"。

1.2　激光产业概述

1.2.1　激光产业

在激光产业方面，以美国、德国、日本为代表的发达国家发展速度惊人，特别是在 3D 打印、汽车、电子、机械、航空、钢铁等大型制造领域基本完成了用激光加工工艺代替传统加工工艺的更新换代，已经进入了"光制造"时代。即使在当前欧美经济衰退和中国经济增长放缓的大背景下，全球激光产业依然保持强劲的增长势头。

根据 2016 年激光产业调研报告，全球激光器（包括配套设备）市场可划分为三大区域：北美地区，占 55%；欧洲，占 22%；日本及太平洋地区，占 23%。

随着 3D 打印的新兴应用，2015 年全球激光器的销售收入达到 97.5 亿美元，比上年增长 6.0%。在激光加工领域，CO_2 激光器、固体激光器、光纤激光器等的市场销售额合计 27.59 亿美元，如图 1-4 所示。

激光加工产业的激光器主要包括用于金属加工（如焊接、切割、钻孔、热处理）的激光器，用于半导体和微电子制造（光刻、监测、控制、缺陷分析与修复、钻孔但不包括打标）的激光器，用于塑料、金属、硅等材料打标的激光器，用于其他材料加工应用（如快速成形、台式机生产、微加工、浮雕全息图、光栅制造等）的激光器，用于光刻的准分子激光器等。2014 年美国 IPG 公司激光器销售额达到 7.7 亿美元，德国 Trumpf 公司激光器销售额达到 28.16 亿美元，如图 1-5 所示。这些公司的持续成功证明了激光器的价值，许多其他公司也从激光器热潮中受益。

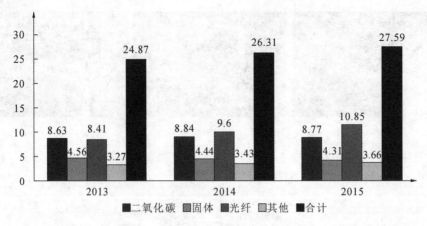

图 1-4　激光加工领域各类激光器市场份额(单位:亿美元)

■二氧化碳　■固体　■光纤　□其他　■合计

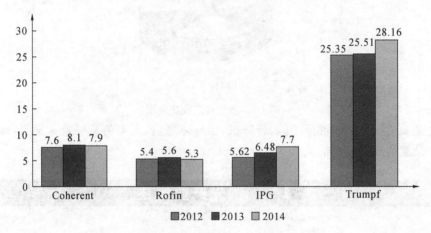

■2012　■2013　■2014

图 1-5　四大激光厂商激光器销售额(单位:亿美元)

在激光产业发展方面,我国无论是激光元器件开发,还是激光器及其应用开发(主要体现为激光加工设备)都处于快速发展阶段。目前国内已经基本形成了华中地区、珠三角、长三角、环渤海四大激光产业群。

通过对激光企业、政府主管部门、激光用户和激光上市公司公开的年度报告资料的调研,预计未来三年中国激光器市场因激光加工设备的强劲需求,仍将保持高速增长,年均增长率可达 18%～22%。以深圳市大族激光科技股份有限公司、武汉市华工科技产业股份有限公司和深圳市光韵达光电科技股份有限公司等为代表的一大批上市企业已成为激光技术相关的龙头企业。

为在竞争中取得优势,国内的科研院校和激光龙头企业着力研发新一代工业激光器及其应用装备,如紫外激光器、绿光激光器、大功率激光器、激光焊接与热处理设备、3D 激光打标机、蚀刻和浮雕设备、大功率气体激光及其切割组合设备等。总体上,国内激光产业发展迅速,市场潜力巨大。

华南地区的激光加工设备主要为激光打标机、激光切割机、激光焊接机、激光 PCB 打孔机、激光制版及印刷设备以及激光蚀纹和蚀刻设备等。在小功率激光设备方面,深圳市联赢激光、迪能激光等公司销售额实现大幅增长。在大功率激光设备方面,大族激光科技股份有限公司 2015 年销售业绩再创新高,实现销售收入 98785 万元,同比增长 9.56%。其中,大功率激光切割机实现销售收入 85378 万元,同比增长 5.51%;大功率激光焊接机实现销售收入

7570 万元,同比增长 187%。大功率光纤激光切割、焊接设备和金属 3D 打印设备经多年技术积累,设备性能达到国际水平,成为进口产品的最佳替代。在大功率激光切割设备领域,大族激光 6 kW 超大功率光纤激光切割机与 G3015MF 系列经济型光纤激光切割机批量推向市场,累计销量突破 2500 台,技术水平与市场占有率位列全球第一。在大功率激光焊接设备领域,大族激光成功自主研制国内首条全自动拼焊生产线。

广东省高端装备研发也取得突破。随着产品化和行业化战略的实施,落实和贯彻把激光产品做到极致、把行业装备做到专业的精神,2015 年以来广东省尤其是深圳市的激光加工设备制造企业的多项产品研发取得突破。大幅面三维五轴联动高功率高精度激光焊接装备集自熔焊、填丝焊、焊缝跟踪于一体,技术与装备达到国际先进水平。全自动激光切管系列装备实现了全自动上下料功能,具备了与国际巨头竞争的能力,打破了国际巨头对此项目的垄断。在 PCB 设备领域,电子产品逐渐向"轻薄短小"的趋势发展,对高端 PCB 设备的要求越来越高,近年陆续启动的激光直接曝光机(LDI)、自动光学检测机(AOI)、高精测试机等高端项目产品目前已全部实现生产。可以同欧美国家同类产品媲美的三维五轴数控激光加工设备,性价比更高,广泛应用于三维模具激光蚀纹、蚀刻。

图 1-6 所示为 2007 年至 2015 年中国激光加工产业市场规模变化情况。

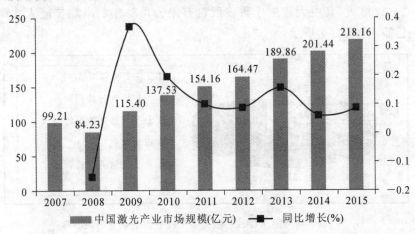

图 1-6　中国激光加工产业市场规模变化情况

深圳市作为华南地区激光产业的聚集地,带动了自身和整个广东省激光行业的快速发展。随着 IT、消费类电子、生物医药等行业在广东省的迅速发展,相关制造和研发型企业对激光加工设备的需求也越来越旺盛,使其市场容量逐年保持较大的增长速度,并因此造就了大族激光、泰德激光、海目星激光、华远激光、联赢激光、光大激光、木森科技、光韵达、一品激光、瑞丰恒、奥瑞那、祥诺激光、民升激光、迪能激光等广东省本地著名的激光加工设备制造型企业。据统计,在广东省工商部门登记注册的激光加工设备企业有近 200 家,2014 年形成了几百亿的工业产值,仅深圳市就有超过千家激光加工设备的用户,大部分用于 IT 和消费类电子产品的加工。

1.2.2　我国激光产业政策导向与激光产业现状

我国的激光技术研究与国外同时起步,而且国家十分重视激光产业的发展。《国家中长期科学和技术发展规划纲要(2006—2020 年)》明确将激光技术列为重点发展的前沿技术。国家发展和改革委员会发布的《产业结构调整指导目录(2011 年本)》也将激光焊接与切割、激光显示等作为推动产业结构调整和优化升级的重要内容。我国国家创新战略的制定及一系列鼓励自主创新政策的出台，都为激光加工设备今后的长期发展提供了政策支持。

2017年科技部印发了关于"十三五"先进制造技术领域科技创新专项规划的通知，规划指出智能正成为制造业的关键要素，而目前我国自主创新能力不强依旧是首要问题。我国制造业发展对科技创新的需求日益增强，因此强化制造核心基础和智能制造关键基础技术，在激光制造、增材制造等领域掌握一批具有自主知识产权的核心关键技术与装备产品，有利于促进制造业创新发展，以推进智能制造为方向，强化制造基础能力，提高综合集成水平，促进产业转型升级，实现制造业由大变强的跨越。

1.2.3 激光产业对高技能人才的需求及人才培养现状

1. 激光产业对高技能人才的需求

在激光各个产业链中，主要就业岗位分布在设备制造、使用、维修及服务全过程，需要从业者掌握光学、机械、电气、控制等多方面的专业知识，具备熟练的专业技能和较高的综合素质。按照广东省近200家激光加工设备制造企业的数量计算，平均每年每家企业高端技能人才的缺口为8～16人，导致全省仅激光加工设备制造企业的激光加工技术高端技能人才缺口为1600～3200人，其中大族激光科技股份有限公司每年的高端技能人才需求超过了200人。岗位需求如图1-7所示。

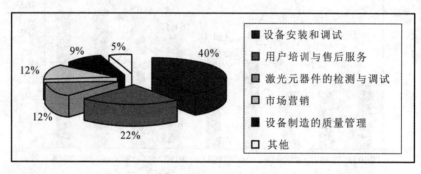

图1-7 岗位需求（来源：激光加工设备制造企业的调研）

2. 人才培养现状

（1）在国内高等院校中，由于我国高等教育主要按学科分类进行教学，因此未能培养出满足大部分激光产业所要求的合格从业者，特别是第一线员工。

（2）国内高职院校也是按学科分类进行教学，相关的专业有激光加工技术、特种加工技术、光电子技术、光机电应用技术、光伏应用技术、光伏材料加工与应用技术等。依托华中激光产业群，武汉软件工程职业学院、武汉职业技术学院、武汉船舶职业技术学院等学校开设激光加工技术专业，并有一定的知名度。依托温州激光产业基地，浙江工贸职业技术学院开设激光加工技术专业，取得一定的成效。在华南地区，2013年深圳信息职业技术学院机电工程学院学术委员会将激光加工技术专业的筹建和申请作为重点列入学院学科发展工作日程，2016年该专业按要求更名为特种加工技术专业，主要方向仍然为激光加工，获得深圳市发展和改革委员会2000多万元重点资助。在深圳市海目星激光科技有限公司等单位的协助下，深圳信息职业技术学院成立校企合作基地，基地内的多种激光加工设备和测量设备，将作为该专业的实训设备。国内同类专业开设情况如表1-1所示。

表1-1　国内同类专业开设情况

序号	学校名称	院系及专业名称	专业概况
1	武汉软件工程职业学院	电子工程学院激光加工技术专业	有10多年办学经验,侧重电方向,在校企合作方面有很强的优势
2	武汉职业技术学院	电子工程信息学院光电技术应用专业	优势是光电技术应用方向
3	武汉船舶职业技术学院	机械工程学院激光加工技术专业	在武汉有较高的知名度,承办过师资培训
4	浙江工贸职业技术学院	机械工程学院光机电应用技术专业	在浙江地区有较高的知名度
5	深圳信息职业技术学院	机电工程学院特种加工技术专业	2014年成立,依托深圳产业优势,发展迅速
6	广东工贸职业技术学院	机械工程系特种加工技术专业	2016年成立
7	深圳技师学院	中德智造学院激光技术应用专业	在中职院校中成立较早

1.2.4　"激光加工技术"专业建设

1. 专业培养目标

以激光技术应用为专业背景,以工业激光设备的制造、使用、维修与服务为主要专业方向,培养工业激光技术应用领域的高技能人才,主要涉及激光各产业链中的下游产业,即激光应用设备及各类服务产业链,主要包括激光设备制造、激光设备应用两个方向。

2. 专业课程体系

(1)基础课程体系:光学与激光、机械、电子与电工、控制技术等四大类。

(2)专业课程体系:激光原理与技术、激光加工设备、激光加工工艺等。

核心课程及其简介如表1-2所示。

表1-2　核心课程及其简介

序号	核心课程名称	课程内容简介	目标要求
1	应用光学	几何光学、物理光学相关知识,光学仪器调试,光路构建训练	掌握激光光路调试,光学测试,分析仪器的使用、维护
2	激光原理及技术	激光基本概念,激光产生的原理,激光基本技术,激光器的频率稳定影响因素及稳频方法,激光的变换、聚焦、准直及扩束,激光锁模原理	掌握调试激光器,激光基本技术及激光测量技术中相关仪器设备的原理及用法
3	激光加工设备	常见的激光器装配与调试,激光打标机、激光切割机、激光焊接机、多功能激光加工设备	掌握工业激光器整机装配、调试、使用,操作常见工业用激光器进行激光加工
4	激光加工工艺	激光设备电气控制分析、判断、故障排除,激光加工工艺数控编程,激光切割工艺,激光焊接工艺,激光内雕工艺等	掌握激光器及激光加工工业控制模块装配、调试、故障诊断,激光加工工艺设计
5	特种加工技术	电化学加工,激光加工,电子束和离子束加工,超声加工,快速成形技术,化学加工等	掌握精密机床的操作,包括电火花成形机床、线切割机床、电化学加工机床、激光加工机床等

3. 实训场地与设备

（1）筹建真实再现企业生产实际的激光加工实训室和激光机装调实训室等两大类实训室，同时和国内外一流的激光企业紧密合作，联合创设用于应用型项目开发、高端制造和测试、培训等方面的激光应用技术中心。

（2）积极与行业知名企业联合研制专业教学装置。

（3）加快实现教学装置和考级实训装置的专业化、标准化。

4. 专业延伸与拓展

巩固在激光产业链下游人才培养中的优势，同时积极向激光产业链中游和上游延伸，不断扩大"激光加工技术"专业适应范围，扩大学生就业面，提升学生就业质量。目前，"激光加工技术"专业尚不能满足激光设备制造企业对技能人才的数量和质量需求。

1.3　激光定义

1. 激光的名称

激光最初的中文名叫作"镭射""莱塞"，是它的英文名称 LASER 的音译。LASER 是取英文"Light Amplification by Stimulated Emission of Radiation"各单词首字母组成的缩写词，意思是"受激发射辐射的光放大"，这已经完全表达了产生激光的主要过程。1964 年我国按照著名科学家钱学森的建议，将其称为"激光"。

2. 光的波动学说和粒子说

1）波动学说

Hughes 提出光的本性。他认为光是一种波，运动规律就如波。杨氏和费涅耳的实验证实了这种解释。1862 年麦克斯韦建立了电磁波方程。

波的参数有波长 λ，频率 ν(Hz)，真空中光速 $c=3.0\times10^{8}$ m/s。

实验证明，无线电波、微波、红外线、可见光、紫外线、X 射线和 γ 射线等都是电磁波。为了对电磁波有全面了解，将电磁波按波长或频率、波数、能量顺序排列，形成电磁波谱图，如图 1-8 所示。

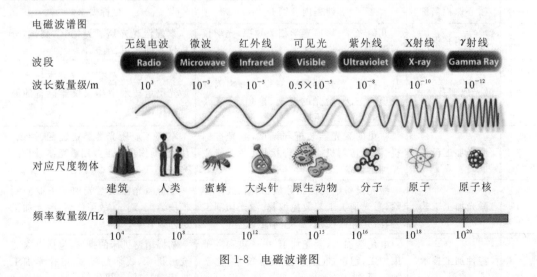

图 1-8　电磁波谱图

2）粒子说

粒子说最早由笛卡儿提出，并得到牛顿的支持。

该学说认为光是从光源发出的一种物质粒子，在均匀的介质中以一定的速度传播。后来，粒子说被爱因斯坦的光电效应所证实。光子的能量为 $E = h\nu$，其中 $h = 6.626196 \times 10^{-34}$ J·s，为普朗克常量。

1.4　激光基本特性

激光与普通光相比最突出的特性是它具有高度的相干性、方向性、单色性和高亮度。

（1）激光器是高相干光源，它所辐射的激光是一种受激辐射相干光。

（2）一般激光只在数量级为 10^{-6} 弧度立体角范围内传输，而普通光在 4π 弧度立体角范围内传输，如图1-9所示。由此可见，激光比普通光的方向性好几百万倍。

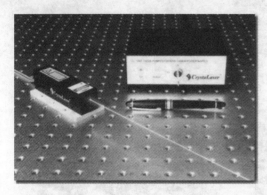

图1-9　激光光源与普通光源

（3）激光的单色性。一般物体发光是由构成物体的粒子（原子、分子、离子等）从一个高能级跃迁到另一个低能级而引起的。单色性常用频率来表征，同样也可以用频率范围来表征。激光的频率范围较窄，单色性较好。

（4）激光的高亮度。光源的亮度是表征光源辐射强弱的重要参数。脉冲激光的亮度可以比普通光源高达数千万倍。

激光四个特性的应用示例如下。

（1）激光测距：利用激光的方向性、相干性，使测量变得更加精确和方便。

（2）激光打孔：利用激光的单色性、高亮度，实现对细小物体的精密加工。

（3）激光显微镜：利用激光的高亮度，不需要做切片标本就能以很高的分辨率观察生物体。

（4）激光信息处理：利用激光的相干性、单色性，实现光盘中大量数据信息的写入和读取。

1.5　激光加工技术应用

激光加工的特点如下。

① 无接触，无机械变形。

② 无刀具磨损，无切削力作用。

③ 能量密度高,速度快。

④ 局部加工,热变形小。

⑤ 易导向、聚焦,易与数控系统配合。

⑥ 生产效率高,加工质量稳定可靠。

激光加工技术已广泛应用于航空、汽车、机械制造等国民经济重要领域,如图 1-10 至图 1-12 所示,在提高产品质量、劳动生产率、自动化程度,降低污染和减少材料消耗等方面起到重要作用。

图 1-10 激光标刻

图 1-11 激光切割

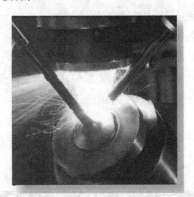

图 1-12 激光焊接

1. 三维激光

埃米特·利斯(Emmett Leith)和朱瑞斯·乌帕特尼克斯(Juris Upatnieks)在 1964 年使用激光对全息技术进行了彻底改造,产生了不需要特制眼镜就能看到的三维图像,如图

1-13所示。他们用分裂的激光光束将全息图记录在感光片上,其中一束激光先被反射到被摄物体上,然后再与另一束激光汇合,在感光片上成像。用一束与成像时相同方向的激光照射感光片,就会在观看者眼前产生一幅逼真的三维图像。图 1-13(a)所示的玩具火车图像是这两位科学家在密歇根大学的威洛·鲁恩实验室第一次记录的全息图。

1948 年,三维激光技术用于提高电子显微镜的分辨率。

(a)

(b)

图 1-13　激光三维成像分析

2. 梦幻激光

刚开始时,激光的色彩是相当有限的:氦氖激光器和红宝石激光器发出红光,其他激光器则产生不可见的红外光。第一次实现七彩激光的是离子激光器,它通过在氩或氪气体环境中高压放电产生激光,氩产生蓝色和绿色的光,氪产生其他几种颜色的光,两种气体混合可以产生整个可见光谱中的颜色。激光秀从此诞生。彩色激光还可用于制造舞台效果和投影电视,如图 1-14、图 1-15 所示。

(a)

(b)

图 1-14　激光舞台效果

图 1-15　激光投影电视

3. 激光外科手术

激光在医学上的首次成功应用是进行眼内手术,而且不需要切开眼球。早在 1962 年,医生利用一台红宝石激光器将病人脱落的视网膜与眼球重新连接,使他恢复了视力。1968 年,外科医生弗朗西斯·莱斯佩朗斯和贝尔实验室的工程师使用氩离子激光器破坏异常的血管,以避免这些血管在视网膜中扩散致使糖尿病人失明。这种治疗方法已经挽救了数百万人的视力。如今,激光也被用来切割角膜以矫正视力,或者使胎记和刺青褪色。激光外科手

图 1-16　激光外科手术

术示例如图 1-16 所示。

4. 激光核聚变

受控核聚变很久以来都是人们认为最理想的清洁能源发电方式。1962 年,劳伦斯·利弗莫尔国家实验室的物理学家纳科尔斯(John Nuckolls)提出用激光脉冲加热和压缩的重氢同位素块实现受控核聚变。从那以后,利弗莫尔实验室一直追寻着这个理念,他们使用的激光器也越来越大,终于在美国国家点火装置(见图 1-17)中达到巅峰。图 1-18 所示为激光武器。

图 1-17　美国国家点火装置　　　　　　　图 1-18　激光武器

5. 超短脉冲激光

近年来,超短脉冲激光微加工是一种新兴激光应用技术。在许多情况下,使用超快激光器可以在更短的加工时间内实现更好的加工效果。人们很早就尝试利用激光进行微加工。激光使材料熔化并持续蒸发,虽然激光束被聚焦成很小的光斑,但是其对材料的热冲击依然很大,限制了加工的精度。当激光以皮秒数量级的脉冲时间作用到材料上时,加工效果会发生显著变化。凭借"冷加工"带来的优势,短与超短脉冲激光器逐渐进入工业生产应用。表面结构化可以改变材料表面的物理特性,用超短脉冲激光器在表面创造亚微米结构可以实现表面结构化,并可以通过改变激光参数对所要创造的结构进行精确控制。超短脉冲冷加工在木头上烧蚀的工艺如图 1-19 所示,短脉冲实现表面结构化如图 1-20 所示。

图 1-19 超短脉冲冷加工在木头上烧蚀

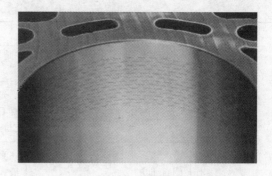

图 1-20 短脉冲实现表面结构化

1.6 激光设备安全等级及安全管理

1. 激光设备的分级标准

能量高度集中的激光光束有可能对人体造成损害,如对人的眼睛或皮肤造成损害。所以,国际电子技术委员会(International Electrotechical Commission,IEC)和食品及药品管理局(Food and Drug Administration,FDA)对激光设备的安全性,按其激光输出值的大小进行了分类。正规生产的激光设备,其安全等级均应按 IEC 或 FDA 标准进行标注。

IEC 标准将激光安全等级分为五个级别,分别称为 Class Ⅰ、Class Ⅱ、Class Ⅲa、Class Ⅲb、Class Ⅳ,如表 1-3 所示,同时对应激光设备的安全等级。例如:Class Ⅰ激光设备,在"可预见的工作条件下"是一种安全设备;而 Class Ⅳ激光设备则是可能生成有害漫反射的设备,会引起皮肤的灼伤乃至火灾,使用中应特别小心。

FDA 标准将激光安全等级分为六个级别,分别称为 Class Ⅰ、Class Ⅱa、Class Ⅱ、Class Ⅲa、Class Ⅲb 和 Class Ⅳ,同时对应激光设备的安全等级。对 Class Ⅰ激光设备,不认为其激光辐射是有害的;对 Class Ⅳ激光设备,认为其激光辐射无论是直接辐射还是散射,对皮肤和眼睛均是有害的。

表 1-3 激光的安全等级(IEC 标准)

激光安全等级	激光输出功率	等 级 特 征
Class Ⅰ	低输出激光,功率小于0.4 mW	不论在何种条件下,对眼睛和皮肤,都不会超过MPE(最大允许照射量)值,甚至通过光学系统聚焦后也不会超过 MPE 值。可以保证设计上的安全,不必特别管理。典型应用有激光教鞭、CD 播放机、CD-ROM 设备、地质勘探设备和实验室分析仪器等
Class Ⅱ	低输出的可视激光,功率为0.4~1 mW	人闭合眼睛的反应时间为 0.25 s,用这段时间算出的激光曝光量不可以超过 MPE 值。通常 1 mW 以下的激光,会导致人晕眩无法思考,闭合眼睛也不能保证完全安全。不要直接在光束内观察,也不要用Class Ⅱ激光直接照射人的眼睛,避免用远望设备观察 Class Ⅱ激光。典型应用有课堂演示激光教鞭、瞄准设备和测距仪等

激光安全等级	激光输出功率		等 级 特 征
Class Ⅲ	中输出激光,光束若直接射入眼睛,会产生伤害。基于安全特性,进一步分为 Class Ⅲa 和 Class Ⅲb		
	Class Ⅲa	可视连续激光,功率为 1～5 mW	光束的能量密度不超过 25 W。避免用远望设备观察 Class Ⅲa 激光,否则可能增大危险。典型应用与 Class Ⅱ 有很多相同之处,如激光教鞭、激光扫描仪等
	Class Ⅲb	连续激光,功率为 5～500 mW	直接在光束内观察有危险。最小照射距离 13 cm、最大照射时间 10 s 以下时安全。典型应用有光谱测定和娱乐灯光表演等
Class Ⅳ	高输出连续激光,功率大于 500 mW		有引发火灾的危险,扩散反射也有危险。典型应用有外科手术、医疗研究、切割、焊接和显微机械加工等

2. 激光器的安全管理

激光器按其激光波长分为各种类型。由于不同波长的激光对人体组织器官的伤害不同,因而将各类型的激光器按其功率输出大小及对人体的伤害程度分为以下四级。

第一级激光器:无害免控激光器。这一级激光器发射的激光在使用过程中对人体无任何危害,即使用眼睛直视也不会损害眼睛。对这类激光器不需要任何控制。

第二级激光器:低功率激光器。输出激光功率虽低,用眼睛偶尔看一下不至造成损伤,但不可长时间直视激光束。否则,眼底细胞受光子作用会致使视网膜损伤。但这类激光器对人体皮肤无热损伤。

第三级激光器:中功率激光器。若这种激光器输出的光经过聚焦,直视光束会造成眼损伤,但将光改变成非聚焦,漫反射的激光一般无危险。这类激光器对皮肤尚无热损伤。

第四级激光器:大功率激光器。此类激光器的直射光束及镜式反射光束对眼睛和皮肤都会造成损伤,而且损伤相当严重,并且其漫反射光也可能给人眼造成损伤。

根据上述激光器的分级来看,对人眼睛及皮肤损伤最大的是第四级激光器。前文叙述了激光对人体的危害,尤其是对眼睛的损伤,其损伤程度可以使眼睛视力降低甚至完全失明。但这种损伤并非所有量级激光都能引起,而是有一最低限度——致伤阈值。只有当激光能量密度或功率密度超过此阈值时激光才会对眼睛造成伤害。激光器的级别分类给我们提供了一个安全的参考值。

根据激光器的级别分类,其安全管理措施如表 1-4 所示。

表 1-4　激光器安全管理措施

级别	安全管理措施
第一级激光器	由于第一级激光器是无害免控激光器,因此不需要任何控制措施。激光器不必使用警告标记,但人应避免长时间地直视激光束
第二级激光器	不能长时间地直视激光束,这是对第二级激光器最重要的控制措施。此外,还应该在存放第二级激光器的房门上及激光器的外壳及其操作面板上粘贴警告标记

续表

级别	安全管理措施
第三级激光器	（1）培训。对操作激光的工作人员进行教育和培训,使其明白操作第三级激光器时的潜在危险,并对其进行恰当的安全训练,以及出现危险时紧急处理方法培训。由于激光对眼睛的损伤均不可逆,因此工作人员掌握激光器的安全运用方法实属必要。 （2）工程技术管理。管理、使用激光器必须由专业(职)人员进行,未经培训教育的人员不得擅自开启、使用激光器。若激光器的触发系统上装设联锁钥匙开关,应确保只有用钥匙打开联锁开关以后才能触发启动激光器,拔出钥匙就不能启动激光器。 （3）激光器应严格控制。在存放或使用激光器的房间内不要把激光束对准人体,尤其是眼睛。现场人员应戴上安全防护眼镜。在激光器的工作区内外明显的位置及激光手术室、实验室的房门上粘贴危险标记。 （4）激光受控区。第三级激光器只能在一定的区域(受控区)内使用,在受控区内按一般要求设立门卫及安全的弹簧锁、联锁等,以确保外人与未受保护人员不得进入受控区。门被意外打开时,激光器应能立即停止工作。房间应不透光,以阻止有害激光束泄漏。同时设立紧急开关,使得处于危险情况下时能使激光器停止发射激光。 （5）工作人员必须了解激光器的结构、安全防护,在经过考核后可以获得第三级激光器使用执照,有执照的工作人员才有资格操作激光器。 （6）调试激光器。调试激光器的光学系统时应采取严格的防护措施,保证人的眼睛不受到原激光束及镜式反射光束的照射,即视轴不与原光束及镜式反射光束同轴。 （7）用光学仪器观察激光束时,若使用双筒镜、显微镜、望远镜等,则激光束对眼睛损伤的可能性会增大。 （8）眼睛的保护。在采取以上措施后,人眼还可能受到超安全标准值的激光照射,必须根据激光的波长,选用光密度合适的保护眼镜加强保护眼睛。 （9）在存放激光器的房间门上及激光器外壳和操作面板的显眼位置粘贴警告标记,根据激光器的具体危害程度采用"危险"或者"注意"的标记,以醒目为好
第四级激光器	必须对第四级激光器采取更为严格的控制措施,增加特殊管理。 只允许持有执照、有钥匙专管的工作人员启动第四级激光器。 必须有"危险"警告标记

1.7　项目小结与思考题

1. 项目小结

（1）激光是 20 世纪的四项重大发明之一。

（2）激光产业对高技能人才有巨大需求。

（3）激光加工技术专业建设包括课程建设、实训建设。

（4）激光广泛应用于标刻、切割、焊接、三维成像分析、外科手术等方面。

（5）激光的英文名称为 laser,我国著名科学家钱学森建议中文名称为"激光"。

（6）IEC 标准将激光设备分为五个等级,FDA 标准将激光设备分为六个等级。

2. 思考题

（1）简述激光产业现状。

（2）国外主要激光企业有哪些?

（3）简述激光的主要应用。

（4）简述激光的基本特性。

（5）简述激光安全等级分类。

项目 2

激光产生的原理

项目任务要求与目标

● 掌握激光产生的原理;

● 掌握自发辐射、受激辐射、受激吸收三个过程;

● 熟练操作激光光路系统。

2.1　激光产生的基本原理

激光是光学原理的一种应用,但是究竟要怎么样才能从普通的光线变成激光输出?这需要了解物质粒子发光的原理。一个粒子从高能级降到低能级时,会放出一个光子,称为自发放光。粒子在高能级时受到一个光子的撞击,就会受激而放出另外一个相同的光子,变成两个光子,称为受激放光。控制高能级的粒子数量大于低能级的粒子数量,那么受激放光的过程就会持续,则所发出来的光子便会越来越多。其中控制粒子受激放光的装置称为"光放大器"。

1. 自发辐射

自发辐射是指高能级的粒子自发地从高能级 E_2 向低能级 E_1 跃迁,同时发出光子。

自发辐射的特点为各个粒子所发出的光子向空间各个方向传播,发出非相干光。图 2-1 所示为自发辐射的过程。

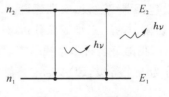

图 2-1　自发辐射过程

对大量粒子统计平均来说,从高能级经自发辐射跃迁到低能级具有一定的跃迁速率,如图 2-2 所示。

$$- \mathrm{d}n_2 = A_{21} n_2 \mathrm{d}t \tag{2-1}$$

式中:"一"表示高能级 E_2 的粒子数密度减少;n_2 为某时刻高能级 E_2 上的粒子数密度(即单位体积中的粒子数);$\mathrm{d}n_2$ 表示在 $\mathrm{d}t$ 时间间隔内由高能级 E_2 跃迁到低能级 E_1 的粒子数;A_{21}

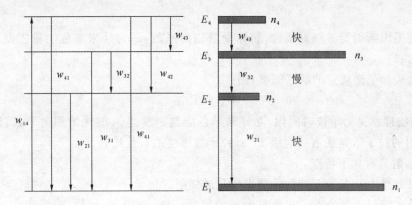

图 2-2 跃迁速率

为爱因斯坦自发辐射系数,简称自发辐射系数。

式(2-1)可改写为

$$A_{21} = \frac{\mathrm{d}n_2}{n_2 \mathrm{d}t} \tag{2-2}$$

式中:A_{21} 的物理意义为单位时间内,发生自发辐射的粒子数密度占高能级 E_2 总粒子数密度的百分比,即每一个处于高能级 E_2 的粒子在单位时间内发生跃迁的概率。

将式(2-2)写成 n_2 关于时间 t 的关系式:

$$n_2(t) = n_{20} \mathrm{e}^{-A_{21}} \tag{2-3}$$

式中:n_{20} 为 $t=0$ 时高能级 E_2 的粒子数密度。

自发辐射的平均寿命是指粒子数密度由起始($t=0$ 时)值降至其 $1/e$ 的时间,用 τ 表示,且 $\tau = \frac{1}{A_{21}}$。

设粒子从高能级 E_n 跃迁到低能级 E_m 的跃迁概率为 A_{nm},则高能级 E_n 的自发辐射平均寿命为

$$\tau = \frac{1}{\sum\limits_m A_{nm}}$$

已知自发辐射系数,可求得自发辐射的光功率密度。若一个光子的能量为 $h\nu$,某时刻激发态的粒子数密度为 $n_2(t)$,则该时刻自发辐射的光功率密度 $q_{21}(t)$ 为

$$q_{21}(t) = n_2(t) A_{21} h\nu$$

2. 受激辐射

受激辐射是指处于高能级 E_2 的粒子受到外来光子(能量为 $\varepsilon = h\nu = E_2 - E_1$)的照射时向低能级 E_1 跃迁,同时发射一个与外来光子完全相同的光子。其过程如图 2-3 所示。

$$n_2 \longrightarrow E_2 \qquad\qquad n_2 \longrightarrow E_2$$

$$h\nu$$

$$h\nu$$

$$h\nu$$

$$n_1 \longrightarrow E_1 \qquad\qquad n_1 \longrightarrow E_1$$

图 2-3 受激辐射过程

粒子从高能级 E_2 经受激辐射跃迁到低能级 E_1 具有一定的跃迁速率,在此假设外来光的光场单色能量密度为 ρ_ν,则有

$$- \mathrm{d}n_2 = B_{21} n_2 \rho_\nu \mathrm{d}t \tag{2-4}$$

式中：B_{21} 为爱因斯坦受激辐射系数，简称受激辐射系数；ρ_ν 为外来单色能量密度；其他参数意义同式(2-1)。

用 W_{21} 表示受激辐射的跃迁概率，则

$$W_{21} = B_{21} \rho_\nu$$

W_{21} 的物理意义为单位时间内，在外来单色能量密度为 ρ_ν 的光的照射下，高能级 E_2 发生受激辐射的粒子数密度占高能级 E_2 总粒子数密度的百分比。

受激辐射具有如下特点。

(1) 只有当 $h\nu = E_2 - E_1$ 时，才能发生受激辐射。

(2) 受激辐射产生的光子与外来光子的特性一样，如频率、相位、偏振和传播方向等均相同。

3. 受激吸收

受激吸收是指处于低能级 E_1 的粒子受到外来光子（能量为 $\varepsilon = h\nu = E_2 - E_1$）的刺激作用，完全吸收外来光子的能量而跃迁到高能级 E_2。其过程如图 2-4 所示。

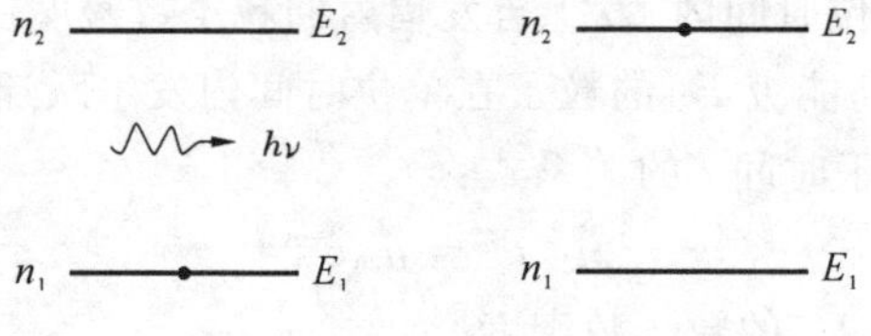

$$n_2 \quad\rule{2cm}{0.4pt}\quad E_2 \qquad\qquad n_2 \quad\rule{2cm}{0.4pt}\!\!\bullet\quad E_2$$

$$\mathcal{W}\!\!\!\!\rightarrow h\nu$$

$$n_1 \quad\rule{2cm}{0.4pt}\!\!\bullet\quad E_1 \qquad\qquad n_1 \quad\rule{2cm}{0.4pt}\quad E_1$$

图 2-4 受激吸收过程

粒子从低能级 E_1 经受激吸收跃迁到高能级 E_2 具有一定的跃迁速率，在此假设外来光的光场单色能量密度为 ρ_ν，且低能级 E_1 的粒子数密度为 n_1，则有

$$\mathrm{d}n_2 = B_{12} n_1 \rho_\nu \mathrm{d}t \tag{2-5}$$

式中：B_{12} 为爱因斯坦受激吸收系数，简称受激吸收系数；其他参数意义同式(2-4)。

4. 自发辐射、受激辐射和受激吸收之间的关系

(1) 在光子和粒子的相互作用达到平衡的条件下，自发辐射、受激辐射和受激吸收有如下关系：

$$A_{21} n_2 \mathrm{d}t + B_{21} \rho_\nu n_2 \mathrm{d}t = B_{12} \rho_\nu n_1 \mathrm{d}t \tag{2-6}$$

由玻尔兹曼分布定律可知

$$\frac{\dfrac{n_2}{g_2}}{\dfrac{n_1}{g_1}} = \mathrm{e}^{-\frac{E_2 - E_1}{kT}} = \mathrm{e}^{-\frac{h\nu}{kT}} \tag{2-7}$$

将式(2-7)代入式(2-6)得

$$(B_{21} \rho_\nu + A_{21}) \frac{g_2}{g_1} \mathrm{e}^{-\frac{h\nu}{kT}} = B_{12} \rho_\nu \tag{2-8}$$

由此可求得 ρ_ν 为

$$\rho_\nu = \frac{A_{21}}{B_{21}} \frac{1}{\dfrac{B_{12} g_1}{B_{21} g_2} \mathrm{e}^{\frac{h\nu}{kT}} - 1} \tag{2-9}$$

$$\rho_\nu = \frac{8\pi h \nu^3}{c^3} \times \frac{1}{\mathrm{e}^{\frac{h\nu}{kT}} - 1} \tag{2-10}$$

将式(2-9)、式(2-10)与由普朗克理论所得的黑体单色辐射能量密度公式比较可得：

$$\frac{A_{21}}{B_{21}} = \frac{8\pi h\nu^3}{c^3} \tag{2-11}$$

（2）自发辐射产生的光是非相干的。受激辐射产生的光与入射光具有相同的频率、相位和偏振态，并沿相同方向传播，因而具有良好的相干性。

（3）自发辐射系数、受激辐射系数、受激吸收系数是只取决于粒子性质而与辐射场无关的量，且三者之间存在一定联系。

5. 产生激光的条件

产生激光的必要条件为工作物质、工作物质处于粒子数反转分布状态、激励。

工作物质是指在一定的外界条件下其某两个能级实现了粒子数反转并对特定频率的光具有放大作用的介质。气体（或蒸气）、液体、固体、半导体和等离子体等都可能成为工作物质。但并不是任何物质的任意两个能级间都须实现粒子数反转。

激励源（泵浦源）提供激光能量，使低能级的粒子跃迁到高能级。激励形式有电激励、光激励、热激励、化学激励、核激励等方式。

2.2 激光基本参数

1. 激光基本参数

1）能量（E）

概念：脉冲输出的激光器，其每一脉冲所具有的做功能力。

单位：焦耳（J）。

单脉冲能量与激光器内部增益介质浓度、增益介质提供的泵浦源功率、激光器谐振腔腔内损耗有关。

2）功率（P）

概念：连续输出的激光器在单位时间内所做的功。

单位：瓦（W）或毫瓦（mW）。1 W＝1 J/s，1 mW＝1 mJ/s。

峰值功率指脉冲能量与脉冲宽度之比。

平均功率指脉冲能量与脉冲频率的乘积。

功率表征激光器每秒内输出的能量。从光子水平上看，功率表示单位时间内通过的光子数。

3）光斑面积（A）

概念：通常指激光束落在受照表面的光斑的面积。

单位：平方厘米（cm²）。

4）功率密度（P/A）

概念：受照表面单位面积所接受的光功率，也称辐照度。它是表示激光光强度的重要参数。从光子水平上看，功率密度表示单位时间内通过单位面积的光子数。

单位：瓦/平方厘米（W/cm²）。

5）波长与频率

波长：不同的波长表现出不同的颜色。

频率：每秒钟的脉冲数（Hz）。频率与激光器谐振腔腔长有关，不同的腔长可以锁定不同的纵模,决定不同的频率。

6)脉冲宽度

概念:激光脉冲持续作用时间(ns,μs,ms)。脉冲宽度与激光器内部色散有关,不同的色散量提供的脉冲展开不同。

脉冲幅度——脉冲(可有多种形状)所能达到的最大值;

脉冲宽度——脉冲的持续时间;

脉冲频率——周期性重复的脉冲每秒出现的个数;

脉冲周期——脉冲频率的倒数。

2. 光度量几何学介绍

辐射度量是用能量单位来描述光辐射能,是建立在物理测量基础上的不受人的主观视觉影响的客观物理量,适用于包括可见光在内的各种波段的电磁辐射能量的计算和测量。

光学度量是描述电磁辐射中能够引起视觉响应的那部分辐射场(可见光部分)的能量分布,因此光学度量是辐射度量的特例。

辐射度量是对辐射能本身的客观度量,是纯粹的物理量,而光学度量还包括生理和心理因素的影响,二者对照关系如表 2-1 所示。

表 2-1 辐射度量与光学度量对照表

辐射度量			光学度量		
概念	符号	说明	概念	符号	说明
辐射能	Q_e	一种以辐射形式辐射、传播、接受的能量,单位为 J	光亮	Q_v	辐射度量的特例,引起视觉响应的那部分辐射场
辐射能通量	Φ_e	辐射功率,是辐射能随时间的变化率,dQ_e/dt	光通量	Φ_v	光源表面的客观辐射能通量对人眼所引起的视觉强度,与辐射能通量和视觉函数成正比
辐射强度	I_e	单位立体角内的辐射能通量,$d\Phi_e/d\Omega$	发光强度	I_v	表征光源在一定方向范围内辐射的光通量的空间分布的物理量,在数值上等于点光源在单位立体角内辐射的光通量
辐射出度	M_e	光源表面单位面积的辐射能通量,$d\Phi_e/dA$	光出射度	M_v	表征光源表面单位面积向半个空间内发出的光通量的物理量
辐射照度	E_e	受照表面单位面积的辐射能通量,$d\Phi_e/dA$	光照度	E_v	表征受照表面被照明程度的物理量
辐射亮度	L_e	$dI_e/(dA \cdot d\cos Q)$	光亮度	L_v	表征发光面发光强弱的物理量,与发光表面特性有关

3. 与心理学关系密切的单色光概念

1)光通量

光通量(luminous flus)是由光源向各个方向射出的光功率,即单位时间内射出的光量,以 Φ 或 Φ_v 表示,单位为流明(lm)。

2)发光强度

发光强度(luminous intensity)是光源在单位立体角内辐射的光通量,以 I 或 I_v 表示,单位为坎德拉(cd)。1 cd 表示在单位立体角内辐射出 1 lm 的光通量。

3）光照度

光照度（illuminance）是从光源照射到受照表面单位面积上的光通量，以 E 或 E_v 表示，单位为勒克斯（lx）。

4）反射系数

人们观看物体时，总是要借助于反射光，所以要经常用到反射系数的概念。反射系数（reflectance factor）是某物体表面射出的光通量与入射到此表面的光通量之比，以 R 表示。不同物体对光有不同的反射系数。

5）光亮度

光亮度（luminance）是指一个表面的明亮程度，即受照表面单位面积反射出来的光通量，以 L 或 L_v 表示，单位为坎德拉每平方米（cd/m²）。

光的强度可用照在受照表面上的光的总量来度量，这种光称为入射光（incident light），这种光的强度称为光照度（illuminance）；也可用从受照表面反射到眼球中的光的总量来度量，这种光称为反射光（reflection light），这种光的强度称为光亮度（brightness）。

例如：一般白纸大约吸收入射光量的 20%，反射光量为 80%；黑纸只反射入射光量的 3%。所以，白纸和黑纸在光亮度上差异很大。

2.3　项目实训——激光光束质量分析

激光光束质量分析系统能够准确分析所调试光路的激光功率、单脉冲能量、光斑成像、光束质量等专业数据，直观反馈光路调试结果的质量。该系统由激光器、图像采集子系统（由面阵 CCD 和衰减片组成）、功率测量子系统（由光功率探头和光功率计组成）、计算机及软件等组成，如图 2-6 所示。

打开计算机，启动激光检测软件，如图 2-7 所示。点击计算机桌面上"激光光路调试实训系统（连续光）"快捷方式图标或"激光光路调试实训系统（脉冲光）"快捷方式图标，启动检测控制软件，进入初始化界面。

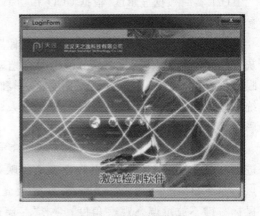

图 2-6　激光光束质量分析系统　　　　　图 2-7　激光检测软件

在这一过程中操作者不需要任何操作，系统自动进行初始化。在初始化时，系统会自动检查 CCD（图像控制器）、串口线以及功率计等是否处于正常工作状态。若设备某部分初始化不成功，则系统弹出提示信息；若初始化成功，则出现图 2-8 所示的软件主界面。

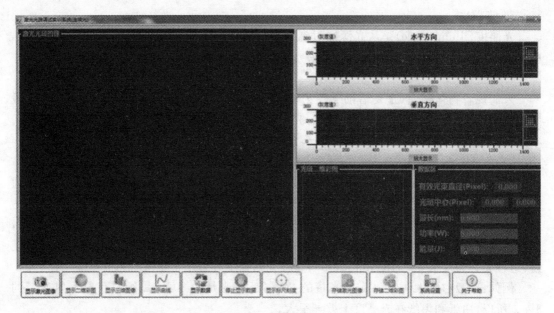

图 2-8　软件主界面

软件主界面分为不同的区域。

（1）系统功能按键区：包括"显示激光图像""显示二维彩图""显示三维图像""显示曲线""显示数据（停止显示数据）""显示标尺刻度""存储激光图像""存储二维图像""系统设置""关于帮助"共 11 个功能按键。

（2）光斑实时采图区：显示由 CCD 采集的激光光斑图像。

（3）测试曲线区：显示输出激光在水平与垂直两个方向的波形图。

（4）光斑二维彩图区：根据 CCD 采集的光信号，显示激光光斑的能量分布二维图，不同颜色代表不同的能量。

（5）光斑三维彩图区：根据二维彩图显示激光的三维彩图。

（6）实时数据显示区：根据 CCD 和功率计探头发出的电信号实时显示激光的光束质量参数。

在系统功能按键区点击"显示激光图像"，系统将实时显示激光光斑图像。人眼对不同灰度的分辨能力有限，难以充分识别激光光斑灰度图像中包含的光斑能量分布信息，但是人眼对色彩相当敏感，能区分不同亮度、色彩和饱和度的各种颜色。点击"显示二维彩图"，系统将显示光斑能量分布的二维图，有利于人眼观察光斑的形状及能量分布。双击光斑二维彩图，可全屏显示，方便观察。

点击"显示三维图像"，系统将显示光斑能量分布的三维图像，如图 2-9 所示。光斑图像进行三维可视化处理后，可更为直观地反映光斑的能量信息及形状。在三维图像显示中，点击左下角"缩小"或"放大"按键，可缩放光斑三维图像；将窗口最大化，可全屏显示；按住鼠标右键不放可调整观察角度；点击"存储激光图像"，可将当前三维光斑图像存储至计算机。

激光检测软件可针对单脉冲和连续脉冲检测进行模式切换。点击"控制—设置显示模式"，如图 2-10 所示。

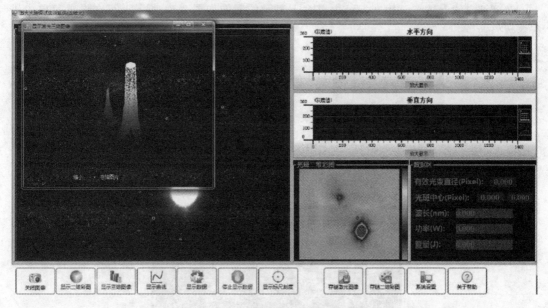

图 2-9 显示激光三维图像

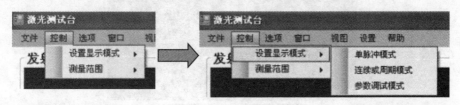

图 2-10 设置显示模式

① 当选择"单脉冲模式"后,电路盒上显示的图像如图 2-11 所示。

数据若带有负号"一",可点击"控制—测量范围"选择测量范围,如图 2-12 所示。

② 当选择"连续或周期模式"后,电路盒上显示的图像如图 2-13 所示。此时既可以用"自动控制"方式选择测量范围,也可以用"手动控制"方式来改变测量范围的挡位。

图 2-11 "单脉冲模式"显示图像

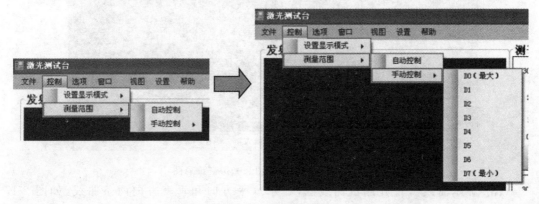

图 2-12 选择测量范围

③ 当选择"参数调试模式"后,电路盒上显示的图像如图 2-14 所示。可在设置菜单中进行参数修改。

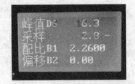

图 2-13　"连续或周期模式"显示图像　　　图 2-14　"参数调试模式"显示图像

点击"标尺刻度"可显示坐标线,点击"采集图像"可存储当前图像,如图 2-15 所示。

图 2-15　显示坐标线及存储当前图像

点击"显示"可打开光斑二维彩图,进行实时采集和图像存储;还可以对光斑三维彩图进行放大、缩小和存储操作,如图 2-16 所示。

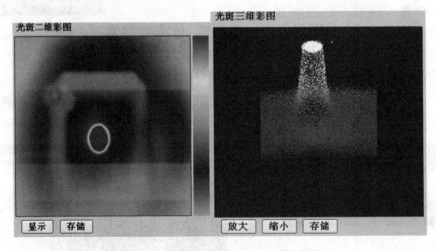

图 2-16　光斑二维彩图和光斑三维彩图

点击"显示曲线",打开测试曲线图,显示水平方向和垂直方向两条曲线,如图 2-17 所示。

点击"停止显示数据",可记录当前相关数据,如图 2-18 所示。

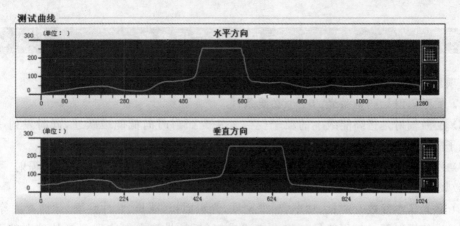

图 2-17 测试曲线图

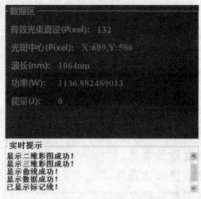

图 2-18 当前数据

系统显示全界面如图 2-19 所示,每个区域都可以放大至全屏进行观察。

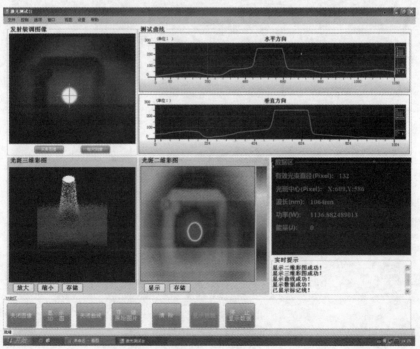

图 2-19 系统显示全界面

2.4　项目小结与思考题

1. 项目小结

（1）受激辐射是产生激光的一个必要条件。

（2）受激辐射是指高能级上的粒子受到外来光照射时向低能级跃迁，同时发射一个与外来光子完全相同的光子。

（3）爱因斯坦辐射系数是只取决于粒子性质而与辐射场无关的量，且自发辐射、受激辐射、受激吸收三者的系数之间存在一定联系。

（4）激光基本参数有能量、功率、功率密度、光斑面积、波长、脉冲频率、脉冲宽度等。

（5）光的辐射度量是用能量单位来描述光辐射能，是建立在物理测量基础上的不受人主观视觉影响的客观物理量，适用于包括可见光在内的各种波段的电磁辐射能量的计算和测量。

（6）激光光束质量分析系统能够准确分析所调试光路的激光功率、单脉冲能量、光斑成像、光束质量等专业数据，直观反馈光路调试结果的质量。

2. 思考题

（1）简述激光自发辐射、受激辐射、受激吸收三个过程的特点。

（2）简述自发辐射、受激辐射和受激吸收之间的关系。

（3）简述激光参数有哪些度量及含义。

（4）简述辐射度量与光学度量参数及含义。

（5）简述激光光束质量分析系统操作步骤。

项目

3

光学谐振腔

项目任务要求与目标
- 掌握光学谐振腔的作用、分类及结构;
- 掌握光学谐振腔稳定性分析;
- 会调试激光光路系统。

3.1 光学谐振腔概述

光学谐振腔是常用激光器的三个主要组成部分之一,另外两个是工作物质和泵浦源。光学谐振腔的一般结构如图 3-1 所示。

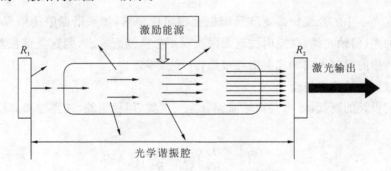

图 3-1 光学谐振腔的一般结构

最常用的光学谐振腔是由两个球面镜(或平面镜)构成的共轴球面光学谐振腔,简称共轴球面腔。平面镜可看作曲率半径为无穷大的球面镜。常见的共轴球面腔有平行平面腔、双凹面腔和平面凹面腔三种,分别如图 3-2(a)、(b)、(c)所示。

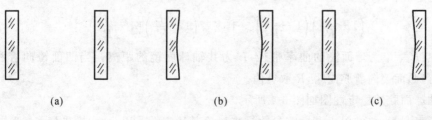

        (a)   (b)   (c)

图 3-2 共轴球面腔

在谐振腔中,光信号能多次反复地沿着腔轴方向传播,通过工作物质不断获得放大,信号越来越强,达到饱和,形成激光输出。

光学谐振腔可以改善激光的方向性和单色性。凡是传播方向偏离腔轴方向的光子,很快逸出腔外被淘汰,只有沿着腔轴方向传播的光子才能在谐振腔中不断地往返运行,使光信号得到放大,所以光学谐振腔输出激光具有很好的方向性。

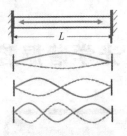

图 3-3 激光在谐振腔中来回反射形成驻波

激光在谐振腔中来回反射,相干叠加,形成以反射镜为波节的驻波,如图 3-3 所示。

由于两端为波节,所以腔长 L 为

$$L = q \cdot \frac{\lambda_q}{2} \qquad q = 1,2,3\cdots \tag{3-1}$$

只有波长(或频率)满足式(3-1)的光才可能在谐振腔内形成稳定的振荡而不断得到加强,其他频率的光很快就会衰减而被淘汰。谐振腔的这种选频(共振频率)作用,极大地提高了输出激光的单色性。

光学谐振腔理论研究的基本问题是光频电磁场在谐振腔内的传输规律,从数学上讲是求解电磁场方程的本征函数和本征值。常用研究方法:① 几何光学分析方法;② 矩阵光学分析方法;③ 波动光学分析方法。

3.2 光学谐振腔稳定条件

1. 稳定腔

根据几何光学中的光线传播矩阵及谐振腔稳定性要求,如果谐振腔能够保证沿着谐振腔轴向传播的光(傍轴光线)在腔内往返无限次而不会从侧面逸出,则这类谐振腔为稳定腔。在稳定腔内传播的傍轴光线的几何损耗很低,几乎为零。

2. 共轴球面腔的稳定条件

根据几何损耗的高低,常将共轴球面腔分为三大类,即稳定腔、临界腔和非稳定腔。

稳定腔:

$$0 < \left(1 - \frac{L}{R_1}\right)\left(1 - \frac{L}{R_2}\right) < 1$$

临界腔:

$$\left(1 - \frac{L}{R_1}\right)\left(1 - \frac{L}{R_2}\right) = 0 \ \text{或者} \left(1 - \frac{L}{R_1}\right)\left(1 - \frac{L}{R_2}\right) = 1$$

非稳定腔:

$$\left(1 - \frac{L}{R_1}\right)\left(1 - \frac{L}{R_2}\right) > 1 \ \text{或者} \left(1 - \frac{L}{R_1}\right)\left(1 - \frac{L}{R_2}\right) < 0$$

其中:R_1、R_2 为球面镜的曲率半径;L 为共轴球面镜的距离。当凹面镜向着腔内时,R 取正值;当凸面镜向着腔内时,R 取负值。

共轴球面腔的稳定性图如图 3-4 所示。

为了直观起见,常引入谐振腔参数 g 来讨论其稳定性。以 g_1 为横坐标,g_2 为纵坐标,图中阴影部分为非稳定区,其他部分为稳定区。

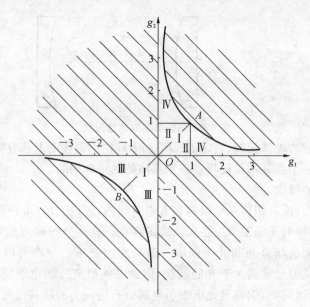

图 3-4 谐振腔稳定性图

$$g_1 = 1 - \frac{L}{R_1}, g_2 = 1 - \frac{L}{R_2}$$

3. 共轴球面稳定腔分类

共轴球面稳定腔又可分为以下几类。

（1）第一类稳定腔，即对称稳定腔。腔的结构特点是两球面镜的曲率半径相等，即

$$R_1 = R_2 = R$$

图 3-4 中，A、B、O 三点表示临界稳定。

A 点表示平行平面腔，满足条件 $R_1 = R_2 \to \infty$。平行平面腔中只有平行于轴线的光线是稳定的，其他都是逃逸光线。

O 点表示对称共焦腔，满足条件 $R_1 = R_2 = L$。此时腔的中心即为两个镜面的公共焦点。

B 点表示共心腔，满足条件 $R_1 = R_2 = L/2$。此时两个镜面的曲率中心重合。

（2）第二类非对称稳定腔。腔的结构特点是 $R_1 \neq R_2$，$R_1 > L$，$R_2 > L$，如图 3-5(a) 所示。

（3）第三类非对称稳定腔。腔的结构特点是 $R_1 \neq R_2$，$0 < R_1 < L$，$0 < R_2 < L$，如图 3-5(b) 所示。

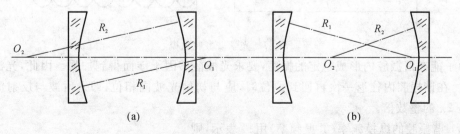

图 3-5 第二类及第三类非对称稳定腔

（4）第四类非对称稳定腔。此类腔由一曲率半径 $R < L$ 的凸面镜和一曲率半径 $R > L$ 的凹面镜构成，如图 3-6 所示。在稳定性图中，它处于 $g_1 > 1$ 且 $0 < g_2 < 1$ 或 $g_2 > 1$ 且 $0 < g_1 < 1$ 的区域。

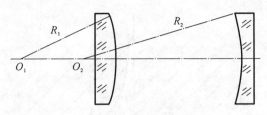

图 3-6　第四类非对称稳定腔

任何一个具体的共轴球面腔(给定 R_1、R_2 和 L),在稳定性图上都有唯一的对应点,但是稳定性图上的任意一个点并不仅仅代表一个具体的共轴球面腔。

4. 光学谐振腔的模式

在光学谐振腔中,反射镜将光束限制在有限空间内,腔内光场(电磁场)分布为一系列本征态,即满足特定条件的光场都可以在腔内稳定存在。这些分布称为光学谐振腔的模式,不同的模式对应于不同的场分布和共振频率。谐振腔内光场的分布可以用纵模和横模来描述。光学谐振腔的几何尺寸远大于光的波长,因此必须研究光的电磁场在谐振腔内的分布问题,即谐振腔的模式问题,明确激光电磁场空间分布情况与腔结构之间的关系。

光场稳定的纵向(垂直于腔轴方向)分布称为纵模,横向(腔轴方向)分布称为横模。

模的基本特征主要包括:

① 每一个模的电磁场分布,特别是在腔的横截面内的分布;

② 每一个模在腔内往返一次产生的相对功率损耗;

③ 与每一个模相对应的激光束的发散角。

从理论上分析,只要知道谐振腔的参数,就可以唯一地确定模的上述特征。

1) 光学谐振腔的纵模

通常把谐振腔内的纵向场分布称为谐振腔的纵模,用 $q(q=1,2,\cdots)$ 表示,不同的 q 值对应于不同的纵模。当 $q=1$ 时,称为单纵模;当 $q\geq2$ 时,称为多纵模。图 3-7 所示为光学谐振腔纵模。

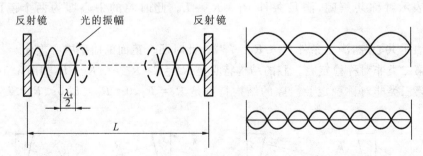

图 3-7　光学谐振腔纵模

为了能在谐振腔内形成稳定的振荡,要求光波能够因干涉而得到加强。因此,光波从某点出发,在谐振腔内往返一次再回到原位时,应与初始光波同相位,即入射波与反射波的相位差是 2π 的整数倍。

(1) 谐振腔的纵模频率(共振频率)用 ν_q 表示,则

$$\nu_q = q \cdot \frac{c}{2nL}, \quad q=1,2,\cdots \tag{3-2}$$

式中:n 是谐振腔内工作物质的折射率;c 为光速;L 为谐振腔的腔长。

从式(3-2)中可看出,q值决定纵模的谐振腔频率。

(2)谐振腔内相邻两个纵模频率差值称为纵模间隔,用$\Delta\nu_q$表示,则由

$$\nu_q = q \cdot \frac{c}{2nL}$$

$$\nu_{q+1} = (q+1) \cdot \frac{c}{2nL}$$

得

$$\Delta\nu_q = \frac{c}{2nL} \tag{3-3}$$

由式(3-3)可知,$\Delta\nu_q$与q值无关。对于给定的谐振腔来说,其纵模间隔是个常数,因此,谐振腔的纵模的频谱是等距离排列的频率梳。

(3)提高激光单色性的方法之一是缩短谐振腔的腔长L。但缩短腔长会使激光输出功率降低,频率不稳。这时,可利用纵模选择技术来解决。如:在腔内引入色散元件(F-P标准具)或采用复合腔结构;在半导体激光器中注入锁定技术。

2)光学谐振腔的横模。

光学谐振腔的横模代表了腔内光场的横向分布规律,如图3-8所示,对激光加工影响极大。

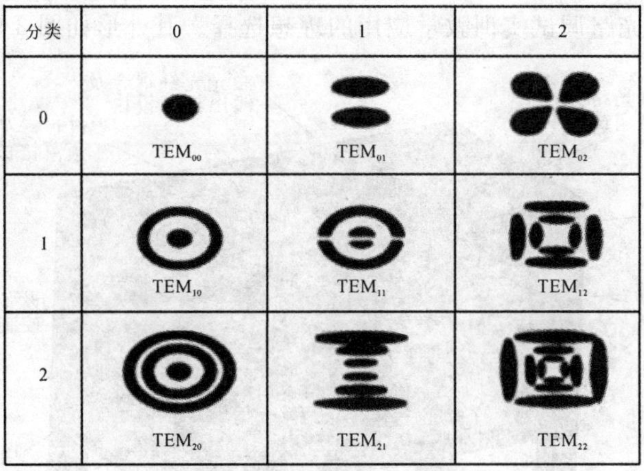

分类	0	1	2
0	TEM$_{00}$	TEM$_{01}$	TEM$_{02}$
1	TEM$_{10}$	TEM$_{11}$	TEM$_{12}$
2	TEM$_{20}$	TEM$_{21}$	TEM$_{22}$

图3-8 光学谐振腔的横模

谐振腔内可能存在多个横模,它们是经过一次往返传输能够再现的稳定电磁场分布。一般主要使用其中具有最高对称性的模,称为基模,标记为TEM$_{00}$。其他模式TEMmn可以利用激光介质、反射镜尺寸等来抑制。基模TEM$_{00}$的截面是对称的,强度分布是高斯分布。基模在激光光束的横截面上各点的相位相同,空间相干性最好。

使用稳定腔的激光器所输出的激光将以高斯光束的形式在空间中传播。基模高斯光束的特点为高斯光束既不是平面波,也不是一般的球面波,在其传输轴线附近可以近似看作一种非均匀高斯球面波,在传播过程中其曲率中心与曲率半径不断改变,其振幅和强度在横截面内始终保持高斯分布特性,强度集中在轴线附近,且等相面始终保持为球面。

当工作物质的增益较高时,采用非稳定腔也可形成稳定的激光振荡,且与稳定腔相比,

非稳定腔具有较大的模体积和较好的横模鉴别能力,从而可实现高功率单模运转,获得良好的激光输出特性。因此,高功率激光器多采用非稳定腔。

光学谐振腔中不同横模具有不同的损耗,这是横模选择的物理基础。

3.3　项目实训——激光谐振腔安装与调试

任务:脉冲激光光路与连续激光光路系统调试及检测。

要求:(1)正确进行脉冲激光光路系统装调前的器件检验;

(2)正确进行连续激光光路系统装调;

(3)通电测试,正确出激光;

(4)观察并调整,获得理想激光光斑;

(5)完成激光功率测试。

3.3.1　脉冲激光机光路系统装调训练

1. TY-YJ-C-L-GLZP-P 型脉冲激光光路调试实训平台

TY-YJ-C-L-GLZP-P 型脉冲激光光路调试实训平台是专门针对教学实训应用设计的集激光器、激光电源和机械、检测及自动控制技术于一体的高科技产品。该实训平台采用 Nd:YAG 固体激光器为核心激光器来进行脉冲激光的调试实训,主机设备质量稳定,操作方便,维护简单,实为激光光路调试实训教学应用的理想选择。其外形如图 3-9 所示。

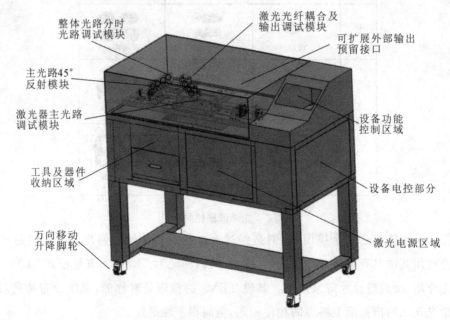

图 3-9　脉冲激光光路调试实训平台外部结构示意图

TY-YJ-C-L-GLZP-P 型脉冲激光光路调试实训平台的主要组成部分有 Nd:YAG 固体激光器、恒流脉冲激光电源、光学谐振调试系统、电动分时/分光系统、光纤耦合及传输系统、电气控制系统、冷却系统、指示系统、激光倍频系统、可扩展外部接口系统等。该实训平台结构组成及主要器件参数如表 3-1 所示。

表 3-1 TY-YJ-C-L-GLZP-P 型实训平台结构组成及主要器件参数

结构组成		基本参数
主体机械结构	设备主机柜	高强度钣金一体化机身
	输入电源	AC 220 V,50 Hz(单相)
	设备尺寸	1300 mm×500 mm×1000 mm
光路系统	激光器	Nd:YAG 固体激光器
	激光波长	1064 nm
	激光输出功率	≥100 W
	定位指示光	635 nm 红光
	光学镜架	精密二维调整镜架
	光学镜片规格	ϕ20 mm×5 mm
	光纤耦合系统	$F=40$ mm 光纤耦合聚焦镜座
	光纤规格	ϕ0.6 mm×1 m 金属护套光纤
	分光系统	四路分光/分时系统
电控系统	激光电源	恒流脉冲激光电源
	电源输出功率	≤6 kW
	接口预留	配置专用激光光学质量检测系统
	电气元件	接触器、继电器、按键、开关电源等
制冷系统	冷却方式	循环水冷
	保护装置	超温保护、断水保护

TY-YJ-C-L-GLZP-P 型脉冲激光光路调试实训平台的激光谐振腔安装在光具座内,是整个实训平台的核心。激光谐振腔实质上由两个部件构成,即光放大器和光学谐振腔。光放大器用于实现激光的放大过程。光学谐振腔由垂直于光轴的两个相对的平行平面镜或曲面镜构成,相当于高选择性反馈器件,将放大介质发射的部分信号耦合反馈,保持相位不变,从而产生激光振荡。

2. 激光器

TY-YJ-C-L-GLZP-P 型脉冲激光光路调试实训平台的激光器构成如图 3-10 所示。

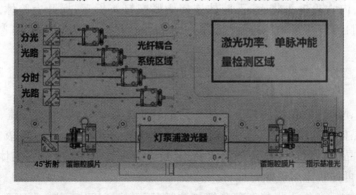

图 3-10 TY-YJ-C-L-GLZP-P 型脉冲激光光路调试实训平台的激光器

激光器系统说明如下。

(1) 红光指示器:装配 635 nm 红光指示器,进行指示基准光定位调试。

(2) 全反输出系统:采用二维调整镜架,装配 $T=0\%$ 全反谐振膜片,进行激光调试。

(3) 激光模块:采用 Nd:YAG 固体激光器,输出 1064 nm 的激光。

(4) 激光光纤耦合及传输系统:将激光通过耦合聚焦系统耦合至 $\phi0.6$ mm 激光传输光纤。

(5) 半反输出系统:采用二维调整镜架,装配 $T=15\%$ 半反谐振膜片,进行激光调试。

(6) 光具座:用于装配光学器件的光路机构。

(7) 45°整体光路折射镜座:用于光学分光及光路导向。

(8) 电动分时光闸:自动控制四路分光光路导向选择。

3. 激光电源

该实训平台采用新型激光电源,具有流量水压保护、断电保护、过压过流保护等功能。激光电源主要技术指标如表 3-2 所示。

表 3-2 激光电源主要技术指标

主要参数	技术指标
激光输出功率	≥100 W
供电电压	AC 220 V,50 Hz(单相)
最大电源输出功率	6 kW
脉冲工作电流	60~200 A
电源不稳定度	−2.5%~+2.5%
电源接地电阻	≤3 Ω

4. 激光调试

TY-YJ-C-L-GLZP-P 型脉冲激光光路调试实训平台进行激光调试实训的步骤包括基准光路调试、Nd:YAG 固体激光器调试、谐振腔系统调试、激光输出调试及整形、激光光纤耦合及传输调试等。学生需掌握光路调试实训平台各个步骤的调试方法,从而掌握同类激光产品的光学原理和各种器件的调试方法。

1) 聚光腔调整

双灯组合式聚光腔的结构如图 3-11 所示。

(1) 用 M5 内六角扳手将上、下腔体连接锁紧螺钉 4 拆下,揭开上腔体放在一边待用。若腔体内已通过冷却水,可先拧松放气螺钉 6 将余水放尽后再拆开腔体,可避免余水滴入腔体反射面。

(2) 用 M3 内六角扳手将棒套顶紧螺钉 9 拧松到一定程度,便于棒压盖 7 从下端头 1 的孔中取出。

(3) 用 M3、M4 内六角扳手拧下下端头两端的棒压盖螺钉,取出棒压盖、棒套压块 8、密封圈、垫片,将晶体棒套组件放入下腔体内,将棒套压块合在棒压盖上,再依次将垫片、密封圈、棒压盖套入晶体棒套组件放入下端头孔内,旋上棒压盖螺钉,调整好晶体棒套组件在下腔体中的位置,再拧紧棒压盖螺钉即可。

(4) 用 M3 内六角扳手将棒套顶紧螺钉拧紧,压紧棒套压块,同时也压紧了棒套,但要注

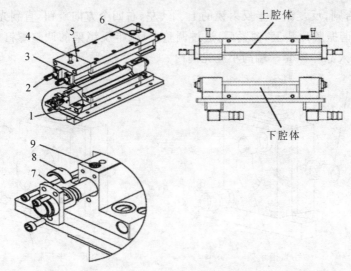

图 3-11　双灯组合式聚光腔结构

1—下端头；2—灯极夹头；3—灯压盖；4—上、下腔体连接锁紧螺钉；5—上端头；

6—放气螺钉；7—棒套压盖；8—棒套压块；9—棒套顶紧螺钉

意拧紧力度，以免棒套变形。

（5）将揭开的上腔体顶面朝下平放在工作台上，用 M4 内六角扳手拧下上端头 5 两端的灯压盖螺钉，拆下灯压盖 3 和灯压盖密封圈（每边 2 个）。

（6）将准备好的氙灯放入上端头的孔内，依次套入密封圈和灯压盖，旋上灯压盖螺钉，调整灯在上腔体中的相对位置，拧紧螺钉即可。

（7）在晶体棒套组件和灯安装完成后，将上腔体按扣合方向合在下腔体上，拧紧上、下腔体连接锁紧螺钉，在灯两端装入灯极夹头 2 并锁紧，即可将聚光腔安装在激光器光具座上，便于后续调整光路和通水。

2）全反、半反光路调整

光路调试系统如图 3-12 所示。

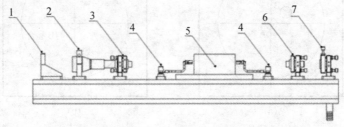

图 3-12　光路调试系统

1—聚焦安装架；2—扩束镜；3—半反射镜；4—电极柱；5—腔体；6—全反射镜；7—指示光源镜架（红光指示架）

激光光路的调整以红光光路为基准，主要调整全反射镜、半反射镜的角度，使得光斑能量最大，并且激光光路与红光光路同轴。调整步骤如下。

（1）装配好激光器聚光腔后，先取下半反谐振膜片及全反谐振膜片。

（2）开始调试红光，基准高度是 50 mm，宽度是 95 mm，近端与远端要一样，且能从过渡颈的中心通过。红光固定好后，将红光指示架上的调整螺钉（见图 3-13）拧紧。

在调整镜片的位置及角度时，将半反射镜通过腔体对准基准红光，要注意半反射镜的镀膜表面对准工作物质，再观测半反射镜在基准红光表面的反射光斑。如果光斑重合，则半反

35

射镜安装成功;否则,反复调节半反射镜的上、下、左、右四个方向旋钮,直到光斑重合。

(3) 将半反谐振膜片装上,锁紧后,通过调整全反、半反镜架的调整螺钉(见图 3-14),将半导体反射点调入晶体棒套一端的小孔光阑内。

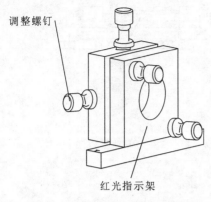

图 3-13　红光指示架的锁紧螺钉

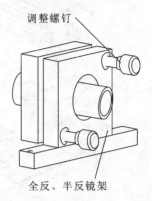

图 3-14　全反、半反镜架的调整螺钉

(4) 取下三个小孔光阑。打开主电源,将激光输出能量调到较低值(120 A,1.0 ms, 1 Hz),微调全反镜架,利用上转换片和曝光纸进行观察,激光光斑应呈规则的圆形。若光斑左右存在缺隙,则调整全反、半反镜架左右两端的调整螺钉。若光斑上下存在缺隙,则调整全反、半反镜架上端的调整螺钉。直到光斑较圆,且激光能量分布均匀,激光与半导体同轴。此时,激光输出效果最好。观察反射光斑 B,调整反射光斑 B 与入射光斑 A 重合,则说明红光光轴与扩束镜同轴。

(5) 若反射光斑 B 与入射光斑 A 不重合,则调整红光指示架上的 4 个调整螺钉,分别调整上、下、左、右四个方向,直至光斑 A、B 重合,然后锁紧调整螺钉。调整前后光斑比较如图 3-15 所示。

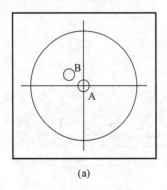

(a)

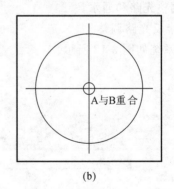

(b)

图 3-15　调整前后光斑比较

(a) 调整前　(b) 调整后

3) 光纤耦合输出调整

(1) 调整 45°反射镜架,将激光调整至光纤耦合系统进光口的中心,将传输光纤安装至光纤耦合系统输出端;然后利用光纤耦合观察镜观察红光是否位于光纤端面的正中心(由于此时激光已经和红光同轴,所以可以以红光位置为基准)。

(2) 将红光调整至光纤端面的中心后,激光输出耦合系统调整完毕;操作电源面板输出激光,观察光纤输出端输出的激光形状及质量,此时光纤耦合输出系统调整完毕。

5. 编程操作说明

激光电源面板如图 3-16 所示，该界面显示的是实训平台工作时的各种状态参数。

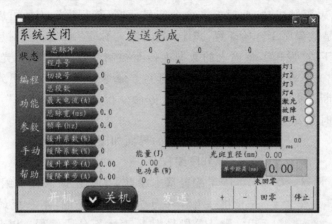

图 3-16　激光电源面板

在关机状态时按"开机"可选择是否开机点灯。在开机状态时按"关机"可选择是否关机。右边的显示灯对应系统的运行状态，正常工作则灯亮，有故障时故障灯亮。左边显示"状态""编程""功能""参数""手动""帮助"等六个控制功能。

点击"编程"进入编程界面，如图 3-17 所示。编程界面分为高级编程和普通编程两个界面，按下方的"下页"进行切换。

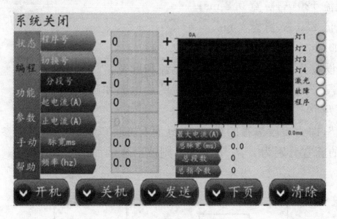

图 3-17　编程界面

1）配置基本参数

设备通电后，默认进入的是普通编程界面，可配置最常用的参数，包括起/止电流、脉宽、频率、分段号和切换号等。图 3-17 中，电源还未开机，上方命令行显示状态为"系统关闭"，右边指示灯均为熄灭状态。用户可选择在开机之前或者之后配置参数。以开启双灯电源为例，需要配置如下参数。

程序号：第 1 组；

起电流：200 A；

脉宽：2.0 ms；

频率：10 Hz。

其操作流程如下。

37

① 按下方"开机"，再次确认开机后，上方命令行显示当前设备运行动作，依次为"开主继电器""开软启动""正第一次预燃"。等待 1 min 左右的预燃时间，右方灯 1 和灯 2 均为绿色正常显示，代表预燃成功，此时上方命令行显示"等待程序"，表示可以进行参数配置。

② 默认参数是从程序 1 开始配置，点击"起电流""脉宽"或"频率"对应的输入框，配置需要的参数后，按下方"发送"，将输入的数据上传至控制台，踩下脚踏出光信号设备即可按照配置参数要求出光。在氙灯激发的同时界面上方命令行显示"正在出光"，并且右方"激光"指示灯点亮。断开脚踏出光信号时，界面上方命令行显示"待机状态"，提醒此时设备正在运行，氙灯可随时激发。

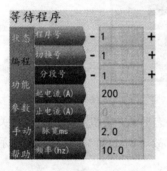

图 3-18　配置参数后的界面

配置参数后的界面如图 3-18 所示。

2）分段编程

除了配置基本参数，系统还提供分段编程的功能。分段是指将一组程序分为多段来完成，本系统最多支持 32 段编程。默认分段号为 1，表示不分段编程。以 5 段编程为例，参数需求如下。

频率：10 Hz；

第 1 段：起电流 100 A，脉宽 1 ms；

第 2 段：起电流 200 A，脉宽 1.5 ms；

第 3 段：起电流 150 A，脉宽 1.5 ms；

第 4 段：起电流 120 A，脉宽 0.8 ms；

第 5 段：起电流 220 A，脉宽 2 ms。

其操作流程如下。

① 将分段号设置为 1，输入第 1 段的起电流和脉宽。

② 分别将分段号设置为 2,3,4,5，输对应的起电流和脉宽。

③ 输入频率为 10。

此时按"发送"，即为 5 段编程的程序，在界面右方可以实时显示当前参数的波形。假设第 1 段至第 5 段的脉宽分别为 t_1, t_2, t_3, t_4, t_5，则波形显示如图 3-19 所示。

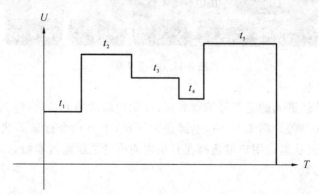

图 3-19　5 段编程波形显示

需要注意的是，分段编程后的脉宽值为每段脉宽值总和，因此需要保证编程后的总功率在允许范围之内，否则将不允许增加新的分段。而要删除一个分段，只需将该分段的脉宽值设定为 0 即可。

3）按键说明

① 开机：按"开机"，系统弹出一个对话框。如果是单灯电源，那么按"确认"后直接开一路单灯预燃；如果是双灯或者多灯电源，则直接打开所有灯预燃。

② 关机：按"关机"，系统直接关闭所有预燃电路。

③ 发送：所有更改的程序，在出光之前，必须按"发送"将参数上传才能够生效。

④ 清除：按"清除"可以一次清除所有可编辑参数。

⑤ 下页：按"下页"可以进入高级编程界面，如图 3-20 所示。

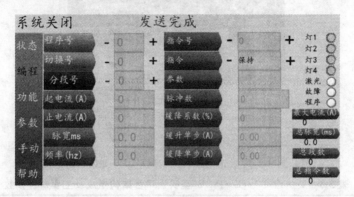

图 3-20　高级编程界面

编程界面还提供内外控切换按键，按键下方显示当前为内控方式或者外控方式。改变任意一种方式，需按"发送"后才有效。

6.关机

（1）关闭激光键，其上指示灯熄灭。

（2）关闭红光键，其上指示灯熄灭。

（3）按压选项键，直至大屏幕显示"OFF"字样。

（4）按压确认键，程序自动执行关机。

（5）当预燃指示灯熄灭后，关闭钥匙开关或按压急停键，使其处于关闭状态。

（6）断开空气开关。

（7）关闭外循环水。

3.3.2　连续激光机光路系统装调训练

1. TY-YJ-C-L-GLZP-CW 型连续激光光路调试实训平台

TY-YJ-C-L-GLZP-CW 型连续激光光路调试实训平台是专门针对教学实训应用设计的集激光器、激光电源和机械、检测及自动控制技术于一体的高科技产品。该实训平台采用半导体 DPL 激光模块为核心激光器来进行连续激光的调试实训，主机设备质量稳定，操作方便，维护简单，实为激光光路调试实训教学应用的理想选择。其外形如图 3-21 所示。

TY-YJ-C-L-GLZP-CW 型连续激光光路调试实训平台的主要组成部分有半导体 DPL 激光模块、连续激光电源（可调制电流/电压双显示）、光学谐振调试系统、KTP 激光倍频模块、电气控制系统、冷却系统、指示系统、可扩展外部接口系统等。该实训平台结构组成及主要器件参数如表 3-3 所示。

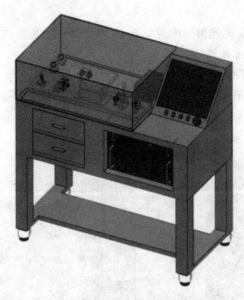

图 3-21　连续激光光路调试实训平台外部结构示意图

表 3-3　TY-YJ-C-L-GLZP-CW 型实训平台结构组成及主要器件参数

结构组成		基本参数
主体机械结构	设备主机柜	高强度钣金一体化机身
	输入电源	AC 220 V,50 Hz(单相)
	防震垫脚	万向移动脚轮(带升降)
	设备尺寸	1200 mm×480 mm×1000 mm
光路系统	激光器	半导体 DPL 激光模块
	激光波长	1064 nm
	激光输出功率	⩾50 W
	定位指示光	635 nm 红光
	光学镜架	精密二维调整镜架
	光学镜片规格	ϕ20 mm×5 mm
	倍频系统	实训专用 KTP 激光倍频模块
	分光系统	50％ 二分光系统
电控系统	激光电源	连续激光电源(可调制电流/电压双显示)
	电源输出功率	⩽480 W
	最大驱动电流	20 A
	接口预留	配置专用激光光学质量检测系统
	电气元件	接触器、继电器、按键、开关电源等
制冷系统	冷却方式	循环水冷
	保护装置	超温保护、断水保护

TY-YJ-C-L-GLZP-CW 型连续激光光路调试实训平台的激光谐振腔安装在光具座内，是整个实训平台的核心。激光谐振腔实质上由两个部件构成，即光放大器和光学谐振腔。

2. 激光器

TY-YJ-C-L-GLZP-CW 型连续激光光路调试实训平台的激光器构成如图 3-22 所示。

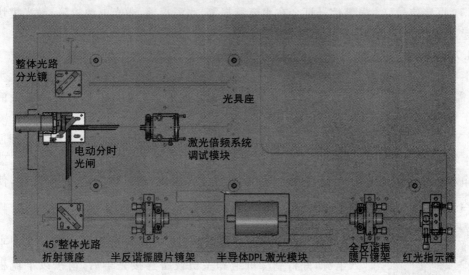

图 3-22　TY-YJ-C-L-GLZP-CW 型连续激光光路调试实训平台的激光器

激光器系统说明如下。

（1）红光指示器：装配 635 nm 红光指示器，进行指示基准光定位调试。

（2）全反输出系统：采用二维调整镜架，装配 $T=0\%$ 全反谐振膜片，进行激光调试。

（3）激光模块：采用半导体 DPL 激光模块，输出 1064 nm 的激光。

（4）激光倍频系统：将 1064 nm 的激光倍频为 532 nm 的激光。

（5）半反输出系统：采用二维调整镜架，装配 $T=15\%$ 半反谐振膜片，进行激光调试。

（6）光具座：用于装配光学器件的光路机构。

（7）45°整体光路折射镜座：用于光学分光及光路导向。

（8）电动分时光闸：自动控制四路分光光路导向选择。

3. 激光电源

激光电源面板如图 3-23 所示。

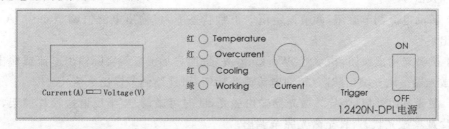

图 3-23　激光电源面板

（1）激光电源开关：将电源拨挡开关拨至"ON"，电源带电开启；拨至"OFF"，电源断电关闭。

（2）激光输出按钮"Trigger"：激光电源开启后，按下"Trigger"按钮，激光开始输出，绿色"Working"指示灯亮起。

(3) 电流调节旋钮"Current"：转动"Current"旋钮，可调节激光电源的驱动电流，从而改变激光输出的能量大小，最大调制电流为 20 A。

(4) 参数显示屏：显示激光电源当前电流值，可用显示屏下方拨挡开关调整电流(Current)/电压(Voltage)显示。

(5) 报警信号灯：报警信号灯会在水流量报警、水温报警、激光电源故障、激光模块故障时亮起，此时激光电源不工作，无激光输出。

4. 冷却系统

半导体泵浦激光器的光电转换效率一般都不超过 15%。半导体泵浦发光时产生大量的热量，需冷却介质冷却，否则会造成半导体模块、晶体及腔体的损坏。同时腔体温度的稳定有利于维持良好的半导体发光效果。

TY-YJ-C-L-GLZP-CW 型连续激光光路调试实训平台采用制冷机组制冷。冷却循环系统由水箱、水泵、过滤器、制冷机、压力及温度传感器等组成。冷却介质为去离子水、蒸馏水或纯净水。冷却循环系统可通过前操作面板设置工作温度，通过设置上、下限温度，使制冷机在达到上、下限温度时停止、启动。

5. 开机

图 3-24 主机控制面板

在将 TY-YJ-C-L-GLZP-CW 型连续激光光路调试实训平台接入电源，并将制冷机组和主机设备连接完毕后，请按以下流程进行开机操作。

(1) 打开实训平台主机右侧 2P 断路器开关。

(2) 操作主机控制面板，如图 3-24 所示。打开"钥匙"开关，实训平台主机呈带电运行状态，面板上的红色电源指示灯亮起。

(3) 操作主机控制面板，按下"制冷"开关，此时制冷机组启动；待其运行 10 s 之后，水路循环畅通无报警信息，方可进行后续操作。

(4) 操作主机控制面板，按下"红光"开关，光路系统的 635 nm 红光指示器工作，红光亮起，此时可进行基准红光调试。

(5) 基准红光调试完毕后，操作激光电源面板，打开激光电源开关，此时激光电源处于待机状态，指示灯"Working"不亮，显示屏显示输出电压"Voltage(V)"为零，或显示设定电流值"Current(A)"。

(6) 转动电流调节旋钮，调节设定值。正常状态下，将输出电流值调至 6～8 A 时便有激光输出。

(7) 按激光输出按钮，指示灯"Working"亮，此时显示屏显示实际输出电流或输出电压，半导体激光器呈激光输出状态(转动电流调节旋钮，可连续调节输出电流)。

(8) 激光电源开启，半导体激光器输出激光，此时可微调全/半反谐振膜片镜架，利用调光转换片观察激光状态，直至激光完全调出。

6. 激光调试

TY-YJ-C-L-GLZP-CW 型连续激光光路调试实训平台进行激光调试实训的步骤包括基准光路调试、半导体 DPL 激光模块调试、谐振腔系统调试、激光输出调试及整形等。学生需掌握光路调试实训平台各个步骤的调试方法，从而掌握同类激光产品的光学原理和各种器件的调试方法。

1）基准光路调试

（1）打开实训平台的光具座防护罩，通电后，按下主机控制面板的"红光"开关，此时光具座最右侧安装的 635 nm 基准定位红光指示器工作，即红光输出（由于该实训平台采用的是输出波长为 1064 nm 的半导体泵浦激光器，其输出的激光为不可见光，因此需要先以波长为 635 nm 的可见红光作为调试激光的基准）。

（2）调节基准红光调整架（见图 3-25）旋钮，将基准红光调整至与光具座距离为 40 mm 的水平中心高度（基准光中心高度以半导体 DPL 激光模块的中心高度为准，因此光具座上所有光学器件的中心高度均为 40 mm）；需保证红光近端和远端高度相同，呈水平状态穿过半导体激光器；调整完毕后锁紧 4 个调节旋钮。

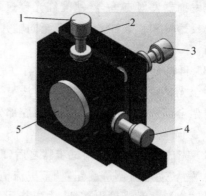

图 3-25　基准红光调整架结构示意图

1—调节旋钮（用于调整近端和远端的基准红光上下方向，同时平行移动）；2—调节旋钮（用于调整远端的基准红光左右方向移动）；3—调节旋钮（用于调整远端的基准红光上下方向移动）；4—调节旋钮（用于调整近端和远端的基准红光左右方向，同时平行移动）；5—635 nm 可见红光发射器

2）半导体 DPL 激光模块调试

（1）基准红光调试完毕后，将半导体 DPL 激光模块安装到光具座的固定位置，微调激光模块方向，使基准红光能够从激光模块两端的中心孔穿过（半导体 DPL 激光模块无调节结构设计，高度为标准 40 mm，需要左右水平方向调整时轻微摆动激光模块即可），如图 3-26 所示。

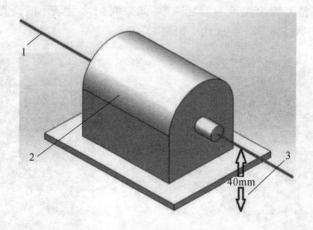

图 3-26　半导体 DPL 激光模块调试

1—635 nm 可见红光；2—半导体 DPL 激光模块；3—光路中心高度

（2）基准红光穿过半导体 DPL 激光模块，透过模块中心的晶体端面会产生反射光点，观察基准红光发射器，要求将该反射光点调整至与红光发射器发射点重合（基准红光穿过半导体 DPL 激光模块前后端中心，且反射光点调整至与发射点重合，说明半导体 DPL 激光模块和基准红光已调整至同轴并在同一水平高度）。调试完成后紧固螺钉，此时激光器部分调试步骤完毕。

3）激光谐振腔调试

（1）激光谐振腔调试是激光调试的重要步骤。在半导体 DPL 激光模块调试完成后，将半反谐振膜片镜架（装有 $T=15\%$ 镀膜的半反射透镜）面朝半导体 DPL 激光模块安装至光具座的固定位置；调节半反谐振膜片镜架的调节旋钮，使基准红光通过半反透镜的正中心，基准红光穿过半反透镜也会产生反射光点，观察基准红光发射器，要求将该反射光点调整至与红光发射器发射点重合（基准红光穿过半反透镜中心，且反射光点调整至与发射点重合，说明半反透镜和基准红光已调整至同轴并在同一水平高度），如图 3-27 所示，调试完成后紧固螺钉。

（3）再将全反谐振膜片镜架（装有 $T=0\%$ 镀膜的全反射透镜）面朝半导体 DPL 激光模块安装至光具座的固定位置，调试方法与半反谐振膜片镜架调试方法相同。半反、全反谐振膜片镜架全部调试完毕后，激光谐振腔部分调试完毕，可进行后续操作。

4）激光输出调试

（1）完成激光谐振腔调试步骤之后，即可进行激光输出调试。操作激光电源面板，开启激光电源，转动电流调节旋钮，调节电流值（正常状态下，将输出电流值调至 $6\sim8$ A 时便可有激光输出）；按激光输出按钮，输出指示灯亮，此时显示屏显示实际输出电流或输出电压，半导体 DPL 激光模块呈激光输出状态。

（2）开启电源输出激光后，利用调光转换片进行激光调试。将调光转换片放在半反谐振膜片后方，观察激光输出光斑形状。半导体 DPL 激光模块输出的激光为不可见光，因此需要用调光转换片进行倍频转换；当激光输出到调光转换片上时，不可见光会倍频形成可见绿光，光斑直径在 3 mm 左右，如图 3-28 所示，此时可观察绿色光斑形状进行相应调节。若光斑形状不理想或在调光转换片上看不见绿光，则微调节全、半反谐振膜片镜架，直至将光斑调整至最圆最大（激光输出光斑为标准圆形，如果调光片上显示激光光斑为椭圆，则需要调节镜架左右或上下方向，使光斑形状呈圆形）。

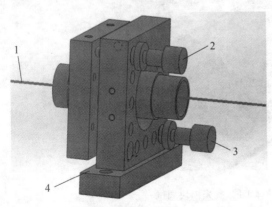
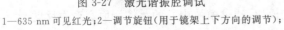

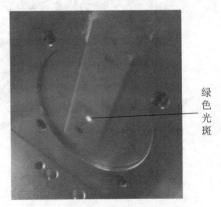
绿色光斑

图 3-27　激光谐振腔调试

1—635 nm 可见红光；2—调节旋钮（用于镜架上下方向的调节）；

3—调节旋钮（用于镜架左右方向的调节）；4—半反谐振膜片镜架

图 3-28　倍频后的可见光斑

（3）将光斑调节至最好状态后，需要将光斑与基准红光调整至同心同轴。在实际应用中，由于激光为不可见光，在进行激光加工的时候需要利用基准红光来定位待加工的准确位置，因此需要激光与基准红光为同心同轴状态；如果不同轴，则在激光加工过程中会出现加工位置偏差的现象。如果发现基准红光与光斑不同心，则需要同时调节全反、半反谐振膜片镜架。如果光斑较基准红光偏左,则同时向右调节全反、半反谐振膜片镜架,偏右则同时向左调节两个谐振膜片镜架;上下方向偏离同理。直至将激光光斑调整至与基准红光完全同心同轴。此时,整套激光光路调试完成。

7. 关机

激光光路调试完毕后,请按以下流程关机。

(1)光路调试完毕后,操作激光电源面板,按激光输出按钮,断开输出,输出指示灯灭,激光停止输出。电源回到待机状态,显示屏显示电流设定值,或显示电压为零。

(2)操作激光电源面板,转动电流调节旋钮,将电流值调至零,然后关闭激光电源开关,此时激光电源断电。

(3)操作主机控制面板,关闭"红光"开关,此时光路系统的 635 nm 红光指示器停止工作,红光熄灭。

(4)操作主机控制面板,关闭"制冷"开关,此时制冷机组停止运行。注意:激光电源未关闭前,切勿关闭制冷机组开关。关闭"钥匙"开关和2P断路器,断开主机电源,关机操作完毕。

3.3.3 脉冲激光光路调试与连续激光光路调试对比

脉冲激光机与连续激光机的比较如表 3-4 所示。脉冲激光与连续激光光路系统装调异同如表 3-5 所示。

表 3-4　脉冲激光机与连续激光机的比较

器件名称	连续激光机	脉冲激光机
工作物质	相同 细长、功率小	相同 粗大、功率大
泵浦光源	连续氪灯 一尖一圆	脉冲氙灯 两圆头
声光 Q 开关	有	无
指示红光	相同	相同
光闸	无	有

表 3-5　脉冲激光连续激光光路系统装调异同

项目	装调异同
装调目标要求相同	使指示红光、YAG 晶体、全反射镜片、部分反射镜片及扩束镜的中心同轴并分别与光具座垂直
光斑观测方法不同	连续:倍频片;脉冲:相纸(或热敏纸)
检测对象不同	连续:平均功率及功率计;脉冲:单脉冲能量及能量计

3.4 项目小结与思考题

1. 项目小结

(1) 常用的光学谐振腔是由两个球面镜(或平面镜)构成的共轴球面光学谐振腔,简称共轴球面腔。平面镜可看作曲率半径为无穷大的球面镜。常见的共轴球面腔有平行平面腔、双凹面腔和平面凹面腔三种。

(2) 根据几何损耗的高低,常将共轴球面腔分为三大类,即稳定腔、非稳定腔和临界腔。引入谐振腔参数 g 来讨论其稳定性。

(3) 激光电磁场空间分布情况(模式)与光学谐振腔结构有关,稳定的纵向场分布称为纵模,横向场分布称为横模。

2. 思考题

(1) 简述光学谐振腔的作用、分类及结构。

(2) 分析光学谐振腔稳定性图。

(3) 简述脉冲激光光路系统装调步骤。

(4) 简述连续激光光路系统装调步骤。

项目 4

激光器与激光技术

项目任务要求与目标

● 了解各种激光器；

● 了解各种激光器的应用；

● 了解激光基本技术。

4.1　激光器概述

　　激光器是利用受激辐射原理使光在某些受激发的物质中放大或振荡发射的器件。激光器主要由工作物质、泵浦源和光学谐振腔三部分构成。工作物质是激光器的核心，是激光器产生光的受激辐射放大作用的源泉之所在。泵浦源为在工作物质中实现粒子数反转分布提供所需能量。工作物质类型不同，采用的泵浦方式也不同。光学谐振腔则为激光振荡的建立提供正反馈，同时，谐振腔的参数也会影响输出激光束的质量。激光器的基本结构如图4-1所示。

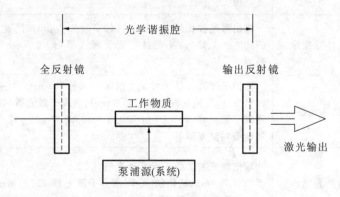

图 4-1　激光器基本结构

　　激光器种类繁多，可从激光工作物质、光学谐振腔腔型、输出波长范围、运转方式、激光技术、激励方式等方面进行分类，如表4-1所示。

表 4-1　常见激光器分类

分类方式	类别	特点
按工作物质分类	固体激光器	所采用的工作物质是固体,是把能够产生受激辐射作用的金属离子掺入晶体或玻璃基质中构成发光中心而制成的
	气体激光器	所采用的工作物质是气体,并且根据气体中真正产生受激辐射作用的工作粒子性质的不同,而进一步分为原子气体激光器、离子气体激光器、分子气体激光器、准分子气体激光器等
	液体激光器	所采用的工作物质主要包括两类,一类是有机荧光染料溶液,另一类是含有稀土金属离子的无机化合物溶液,其中金属离子(如 Nd^{3+})起工作粒子作用,而无机化合物液体(如 SeOCl)则起基质的作用
	半导体激光器	以一定的半导体材料作工作物质而产生受激辐射作用,其原理是通过一定的激励方式(电注入、光泵或高能电子束注入),在半导体物质的能带之间或能带与杂质能级之间,激发非平衡载流子而实现粒子数反转,从而产生光的受激辐射作用
	自由电子激光器	一种特殊类型的新型激光器,工作物质为在空间周期变化磁场中高速运动的定向自由电子束,只要改变自由电子束的速度就可产生可调谐的相干电磁辐射,原则上其相干辐射谱可从 X 射线波段过渡到微波区域
按光学谐振腔腔型分类	非稳腔激光器	可控模体积大,容易得到单端输出和准直的平行光束
	平面腔激光器	光束方向性好,模体积大,容易获得单模振荡
	球面腔激光器	由两个曲率半径不同的球面镜按照任意间距组成球面腔
按输出波段范围分类	远红外激光器	输出激光波长处于 25～1000 μm 之间,某些分子气体激光器以及自由电子激光器的输出激光波长即落入这一区域
	中红外激光器	输出激光波长处于中红外区(2.5～25 μm),代表为 CO_2 分子气体激光器(10.6 μm)
	近红外激光器	输出激光波长处于近红外区(0.75～2.5 μm),代表为掺钕固体激光器(1.06 μm)、CaAs 半导体二极管激光器(约 0.8 μm)和某些气体激光器等
	可见激光器	输出激光波长处于可见光谱区(400～700 nm),代表为红宝石激光器(694.3 nm)、氦氖激光器(632.8 nm)、氩离子激光器(488 nm、514.5 nm)、氪离子激光器(476.2 nm、520.8 nm、568.2 nm、647.1 nm)以及一些可调谐染料激光器等
	近紫外激光器	输出激光波长处于近紫外光谱区(200～400 nm),代表为氮分子激光器(337.1 nm)、氟化氙(XeF)准分子激光器(351.1 nm、353.1 nm)、氟化氪(KrF)准分子激光器(249 nm)以及某些可调谐染料激光器等
	真空紫外激光器	输出激光波长处于真空紫外光谱区(5～200 nm),代表为氢分子激光器(164.4～109.8 nm)、氙(Xe)准分子激光器(173 nm)等
	X 射线激光器	输出激光波长处于 X 射线谱区(0.001～5 nm),目前软 X 射线已研制成功,但仍处于探索阶段

续表

分类方式	类别	特点
按运转方式分类	连续激光器	工作物质的激励和相应的激光输出可以在一段较长的时间范围内以连续方式持续进行。以连续光源激励方式工作的固体激光器和以连续电激励方式工作的气体激光器及半导体激光器,均属此类。由于连续运转过程中往往不可避免地产生器件的过热效应,因此多数需采取适当的冷却措施
	单次脉冲激光器	工作物质的激励和相应的激光输出从时间上来说均是一个单次脉冲过程。一般的固体激光器、液体激光器以及某些特殊的气体激光器,均属此类
	重复脉冲激光器	激光输出为一系列的重复激光脉冲,器件可相应以重复脉冲的方式激励,或以连续方式进行激励但以一定方式调制激光振荡过程,以获得重复脉冲激光输出,通常亦要求对器件采取有效的冷却措施
按激光技术分类	调 Q 激光器	采用一定的 Q 开关技术以获得较高输出功率的脉冲激光器,其工作原理是在工作物质的粒子数反转状态形成后并不使其产生激光振荡,待粒子数积累到足够多的程度后,突然瞬时打开开关,从而可在较短的时间内形成十分强的激光振荡和高功率脉冲激光输出
	锁模激光器	采用锁模技术的特殊类型激光器,其工作特点是由共振腔内不同纵模之间确定的相位关系,可获得一系列等时间间隔的激光超短脉冲(脉宽 10^{-10} s)序列。若进一步采用特殊的快速光开关技术,还可以从上述脉冲序列中选择出单一的超短激光脉冲
	单模和稳频激光器	单模激光器是指处于单横模或单纵模状态运转的激光器,稳频激光器是指采用一定的自动控制措施使激光器输出波长或频率稳定在一定精度范围内的特殊激光器件。在某些情况下,还可以制成既是单模运转又具有频率自动稳定控制能力的特种激光器件
	可调谐激光器	激光器的输出波长是固定不变的,但采用特殊的调谐技术后,某些激光器的输出激光波长可在一定的范围内连续可控地发生变化
按激励方式分类	光泵式激光器	指以光泵方式激励的激光器,包括几乎全部的固体激光器和液体激光器,以及少数气体激光器和半导体激光器
	电激励式激光器	大部分气体激光器均采用气体放电(直流放电、交流放电、脉冲放电、电子束注入)方式进行激励。一般常见的半导体激光器多采用结电流注入方式进行激励,某些半导体激光器亦可采用高能电子束注入方式激励
	化学激光器	指利用化学反应释放的能量对工作物质进行激励的激光器,希望产生的化学反应可分别采用光照引发、放电引发、化学引发等方式
	核泵浦激光器	专门利用小型核裂变反应所释放出的能量来激励工作物质的一类特种激光器,如核泵浦氦氩激光器等

常见激光器及其主要应用如表 4-2 所示。

表 4-2　常见激光器及其主要应用

激光器	波长/μm	光束模式	输出功率/kW	主要应用
YAG 激光器	1.06	多模	0～4	金属材料的切割,航空、机械、电子、通信、动力、化工、汽车制造等行业零部件的焊接,电池、继电器、传感器等精密元器件的焊接等
CO_2 激光器	10.6	多模	0～10	非金属打标,金刚石锯片,双金属带锯条,水泵叶片、齿轮、钢板、暖气片焊接
半导体激光器	0.8～0.9	多模	0～10	塑料焊接,PCB 板点焊,锡焊
光纤激光器	1.06	TEM_{00}	0～20	金属打标,钣金切割,汽车车身焊接

激光器的典型工作物质有红宝石、He-Ne 混合气体等。

红宝石为三能级,输出波长为 694.3 nm;He-Ne 混合气体为四能级,输出波长为 632.8 nm(其中 He 为辅助气体,Ne 为工作物质)。

激光器按工作物质可以分为固体激光器(见图 4-2)、气体激光器、液体激光器、半导体激光器和其他激光器。

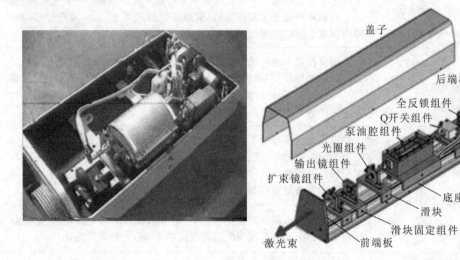

图 4-2　固体激光器

1. 固体激光器

固体激光器基本上都是由工作物质、泵浦源、光学谐振腔、冷却系统和滤光系统构成的。图 4-3 所示是长脉冲固体激光器的基本结构示意图(冷却系统、滤光系统未画出)。

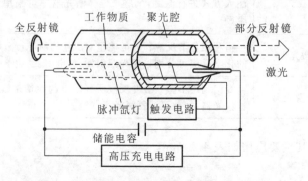

图 4-3　长脉冲固体激光器的基本结构示意图

固体激光器的特点是输出能量大(可达数万焦耳)、峰值功率高(连续功率可达数千瓦, 脉冲峰值功率可达几十太瓦)、结构紧凑牢固。

1) 红宝石激光器

红宝石是在三氧化二铝(Al_2O_3)中掺入少量的氧化铬(Cr_2O_3)生长成的晶体。它的吸收光谱特性主要取决于铬离子(Cr^{3+}),如图 4-4 所示。

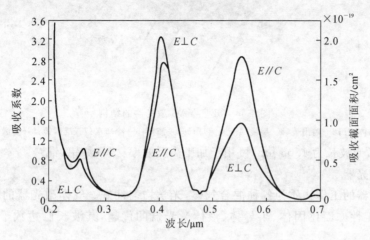

图 4-4　红宝石中铬离子的吸收光谱特性

红宝石中 Cr^{3+} 的工作能级属于典型的三能级,如图 4-5 所示。红宝石激光器荧光谱线为 R_1 线(中心波长 694.3 nm)和 R_2 线(中心波长 692.9 nm),由于 R_1 线的辐射强度比 R_2 大,在振荡过程中总占优势,所以红宝石激光器的激光输出为 694.3 nm。

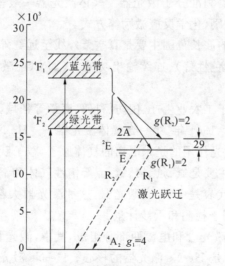

图 4-5　红宝石中铬离子的能级结构

2) Nd^{3+}:YAG 激光器

图 4-6 所示为 Nd^{3+}:YAG 激光器的结构。

激光活性物质钕离子(Nd^{3+})位于 YAG(钇铝石榴石固态晶体)中,该晶体通常呈棒状,当光束质量较高时,也有可能为片状或碟状。

大功率激光器中,典型的 Nd^{3+}:YAG 晶体棒一般长为 150 mm,直径为 7～10 mm。泵浦过程中晶体棒发热,限制了其自身最大输出功率。单棒 Nd^{3+}:YAG 激光器的功率范围为

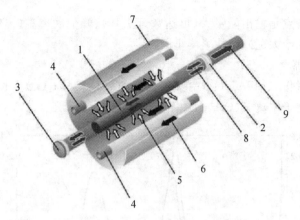

图 4-6　Nd^{3+} : YAG 激光器的结构

1—活性物质(晶体棒);2—输出镜;3—后镜;4—泵浦灯;5—泵浦光;6—冷却水;7—反射镜;8—受激辐射;9—激光束

$50\sim800$ W,激光波长为 $1.06\ \mu m$,可用于加工高反射率材料(如铝、铜)。

2. 气体激光器

气体激光器的工作物质为各种混合气体,光学均匀性好。气体激光器的输出激光在单色性、光束稳定性方面比固体、半导体、液体激光器的优越,其波长已达数千种(160 nm～4 mm)。

大多数气体激光器的工作方式为连续运转。

多数气体激光器有瞬时功率不高的缺点,这是因为通常气体气压低,单位体积内粒子数少。气体工作物质有气体原子、气体分子或气体离子等,据此可将气体激光器分为原子激光器、分子激光器、离子激光器和准分子激光器。气体激光器一般采用气体放电激励方式,还可以采用电子束激励、热激励、化学反应激励等方式。

气体激光器输出激光的波长范围主要是真空紫外线至远红外波段。气体激光器具有输出光束质量高(方向性及单色性好)、连续输出功率大(如 CO_2 激光器)等输出特性,其器件结构简单,造价低廉。

气体激光器广泛应用于工农业生产、国防、科研、医学等领域,如计量、材料加工、激光医疗、激光通信、能源等方面。1961 年,第一台气体激光器——He-Ne 激光器问世。

原子激光器中,产生激光作用的是未电离的气体原子,粒子跃迁发生在气体原子的不同激发态之间。采用的气体主要是氦、氖、氩、氪、氙等惰性气体和镉、铜、锰、锌、铅等金属原子蒸气。原子激光器的典型代表是 He-Ne 激光器,这种激光器大都采用连续工作方式,输出功率在 100 mW 以下,多用于检测和干涉计量。

He-Ne 激光器主要由激光管和电源两部分组成,其中,激光管主要包括放电管、电极和光学谐振腔三部分,放电管是 He-Ne 激光器的核心。He-Ne 激光器是典型的惰性气体原子激光器。

1) He-Ne 激光器

He-Ne 激光器的工作物质为氦、氖混合气体。激光由氖原子发射,氦气起改善气体放电条件、提高激光器输出功率的作用。常用的输出波长为 632.8 nm。

根据选择的工作条件,He-Ne 激光器可以输出近红外光、红光、黄光、绿光。

He-Ne 激光器具有以下特点。

① 输出波长为 632.8 nm、$1.15\ \mu m$、$3.39\ \mu m$ 等。

② 功率在 mW 级,最大可达 1 W。

③ 光束质量好,发散角可小于 1 mrad。

④ 单色性好,带宽可小于 20 Hz。

⑤ 稳定性高。

图 4-7 是与产生激光有关的氦原子和氖原子的部分能级图,氦原子的激光上能级是 3S 和 2S 能级,激光下能级是 3P 和 2P 能级。其激光波长主要有:3S2P (632.8 nm),2S2P (1.15 μm),3S3P(3.39 μm)。

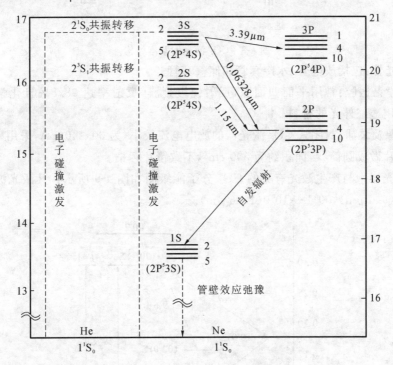

图 4-7　氦、氖原子部分能级图

He-Ne 激光器的工作过程如下。

① 放电:氦原子电离产生电子。

② 氦原子与电子碰撞。

③ 能量共振转移:形成粒子数反转。

④ 受激辐射。

⑤ 紫外辐射。

⑥ 下能级排空:氖原子与管壁碰撞,管壁发热。放电管很细(直径 2~3 mm),增大碰撞概率,利于碰撞发生。

2) CO_2 激光器

CO_2 激光器的工作物质为 CO_2、He、N_2、Xe 的混合气体。

激光由 CO_2 分子发射,其他气体协助改善激光器的工作条件,提高激光器的输出功率和使用寿命。在 CO_2 激光器中,氦气可以加速 010 能级热弛豫过程,更有利于 100 能级和 020 能级抽空,氮气主要起能量传递作用。混合气体为 CO_2 激光器上能级粒子数的积累与大功率、高效率的激光输出起到强有力的作用。CO_2 激光器是输出功率最高的气体激光器,连续输出可达 50 kW,脉冲输出可达 1012 W;其输出波长一般为 10.6 μm。

CO_2 激光器的基本结构如图 4-8 所示。

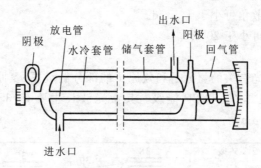

图 4-8　CO_2 激光器基本结构

（1）激光管：包括放电管、水冷套管和储气套管。

（2）光学谐振腔：常用平面凹面腔，反射镜镀金膜，反射率达 98.8％且化学性质稳定。反射镜需要用透红外光的材料。

（3）电源及泵浦：封闭式 CO_2 激光器的放电电流较小，为 $30\sim40$ mA，采用冷电极；阴极用钼片或镍片做成圆筒状，面积约为 500 cm^2，不致镜片污染。

CO_2 激光器中与产生激光有关的 CO_2 分子能级图如图 4-9 所示。其激光波长主要有：$00^01 \rightarrow 02^00(9.6$ $\mu m)$，$00^01 \rightarrow 10^00(10.6$ $\mu m)$。

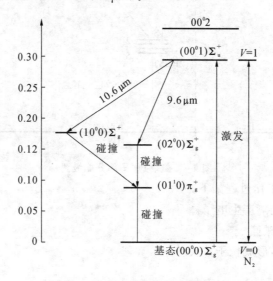

图 4-9　CO_2 分子部分能级图

对应于 CO_2 激光器的输出功率，其放电电流有一个最佳值。CO_2 激光器的最佳放电电流与放电管的直径、管内总气压以及气体混合比有关。CO_2 激光器的转换效率很高，最高接近 40%。CO_2 分子为线性对称分子，两个氧原子分别在碳原子的两侧，所表示的是原子的平衡位置。分子里的各原子始终运动，要绕其平衡位置不停地振动。根据分子振动理论，CO_2 分子有三种不同的振动方式。

① 两个氧原子在垂直于分子轴的方向振动，且振动方向相同，而碳原子则向相反的方向垂直于分子轴振动。由于三个原子的振动是同步的，这种振动方式又称为变形振动。

② 两个氧原子沿分子轴向相反方向振动，即两个氧原子在振动中同时达到振动的最大值或平衡值，而此时分子中的碳原子静止不动，这种振动方式称为对称振动。

③ 三个原子沿对称轴振动,其中碳原子的振动方向与两个氧原子相反,这种振动方式称为反对称振动。

在这三种不同的振动方式中,确定了了不同组别的能级。

CO_2 激光器的激发条件为放电管中输入几十毫安或几百毫安的直流电流。放电时,放电管中的混合气体内的氮分子由于受到电子的撞击而被激发。这时受到激发的氮分子便和 CO_2 分子发生碰撞,氮分子把能量传递给 CO_2 分子,CO_2 分子从低能级跃迁到高能级上形成粒子数反转发出激光。

CO_2 激光器分为分离型纵向激励 CO_2 激光器、高功率轴快流 CO_2 激光器、高功率横流 CO_2 激光器、横向激励高气压 CO_2 激光器及波导 CO_2 激光器。

3）氮分子激光器

氮分子激光器脉冲放电激励输出紫外光,峰值功率可达数十兆瓦,脉宽小于 10 ns,重复频率数十赫兹至数千赫兹,主要用作染料激光器的泵浦源,也可用于光谱分析和检测、医学及光化学方面。常见输出波长为 337.1 nm、357.7 nm。

4）光纤激光器

光纤激光器应用范围非常广泛,包括激光光纤通信、激光空间远距通信、工业造船、汽车制造、激光雕刻、激光打标、激光切割、印刷制辊、金属或非金属钻孔/切割/焊接、军事国防安全、医疗器械仪器设备、大型基础建设等等。

光纤激光器的类型有稀土类掺杂光纤激光器、光纤非线性效应激光器、单晶光纤激光器、塑料光纤激光器、光纤孤子激光器等。其增益介质为掺杂稀土离子光纤。稀土元素包括钕(Nd)、铒(Er)、镱(Yb)、铥(Tm)、钬(Ho)、钐(Sm)、钍(Th)等。

由于玻璃材料具有极低的体积面积比,散热快,损耗低,上转换效率较高,因此玻璃光纤制造成本低,技术成熟,还具有光纤的可绕性所带来的小型化、集约化优势。由于玻璃基质分裂引起的非均匀展宽造成吸收带较宽,因此玻璃光纤对入射泵浦光不需要像晶体那样严格的相位匹配。

光纤激光器具有如下特点。

(1) 输出激光波长多,这是因为稀土离子能级非常丰富及稀土离子种类多。

(2) 可调谐性好,这是因为稀土离子能级宽和玻璃光纤的荧光谱较宽。

(3) 光纤激光器的谐振腔内无光学镜片,具有免调节、免维护、稳定性高的优点,这是传统激光器无法比拟的。

(4) 光纤导出,使得激光器能轻易胜任各种三维任意空间加工应用,使机械系统的设计变得非常简单。

(5) 综合电光效率高达 20% 以上,大幅度节约工作时的耗电,节约运行成本。

(6) 功率高。目前商用的光纤激光器功率可达 6 kW。

如图 4-10 所示为高功率光纤激光器,其谐振腔结构如图 4-11 所示。

掺钕光纤使用 800 nm、900 nm、530 nm 波长的泵浦光源,将在 900 nm、1060 nm、1350 nm 波长处得到激光。

掺铒光纤使用 800 nm、900 nm、1480 nm、530 nm 波长的泵浦光源,将在 900 nm、1060 nm、1536 nm 波长处得到激光。掺铒光纤存在最佳光纤长度。

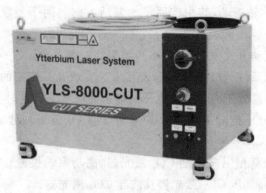

图 4-10　高功率光纤激光器

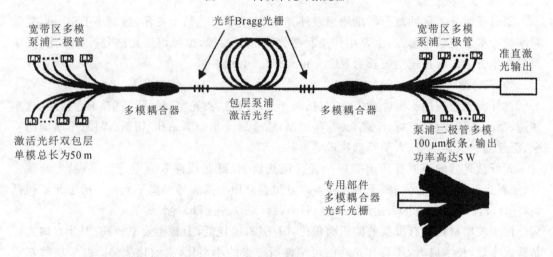

图 4-11　谐振腔的基本结构

4.2　激光技术概述

激光技术是指为控制与改善激光器输出特性而发展的各种技术。基本的激光技术有调 Q、锁模、增益开关与倍频等,如图 4-12 所示。

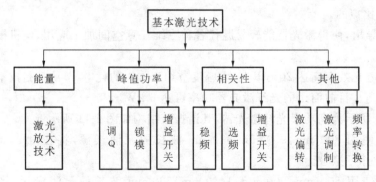

图 4-12　基本激光技术

1. 调 Q

调 Q 技术是将一般输出的连续或脉冲激光能量压缩到宽度极窄的脉冲中发射,从而使光源的峰值功率提高几个数量级的一种技术。因为 Q 开关激光器一般脉宽达 $10^{-9} \sim 10^{-8}$ s，如果再压缩脉宽，Q 开关激光器已经无能为力，但有很多实际应用需要更窄的脉冲。

Q 为光学谐振腔的品质因数，调 Q 技术的基本原理是通过某种方法使光学谐振腔的 Q 值按一定程序变化。Q 值小则抑制激光产生，使粒子在上能级积累到一定程度，然后增大 Q 值，建立激光振荡，形成巨脉冲输出。

实现调 Q 对激光器的要求：① 工作物质抗损伤阈值要高。② 上能级寿命要比较长。泵浦过程使上能级粒子数增加，在没有产生受激辐射的情况下，自发辐射使上能级粒子数减少，当两者平衡时上能级的粒子数就是上能级能够积累的最大粒子数。③ 泵浦速度必须大于激光上能级的自发辐射速度。④ 光学谐振腔的 Q 值改变要快。

调 Q 的关键参量为超阈度，要获得高的超阈度，要求泵浦强，损耗低。

$$Q = 2\pi \frac{E_x}{E_z} \qquad (4-1)$$

$$I = I_0 \exp(-a_{\dot{\mathbb{E}}} z) = I_0 \exp\left(-\frac{a_{\dot{\mathbb{E}}} c}{\mu} t\right) \qquad (4-2)$$

$$N(t) = N_0 \exp\left(-\frac{a_{\dot{\mathbb{E}}} c}{\mu} t\right) = N_0 \exp\left(-\frac{t}{\tau_c}\right) \qquad (4-3)$$

$$W = N(t) V h \nu_0 \qquad (4-4)$$

$$P = \frac{W}{\tau_c \nu_0} = N(t) V h \frac{a_{\dot{\mathbb{E}}} c}{\mu} \qquad (4-5)$$

$$Q = 2\pi \frac{W}{P} = \frac{2\pi}{\lambda a_{\dot{\mathbb{E}}}} \qquad (4-6)$$

式中：Q 是光学谐振腔的品质因数；I_0 是初始光强；$N(t)$ 为粒子数密度；W 为体积为 V 的腔内储存的能量；P 为每振荡周期损耗的能量。

2. 锁模原理

自 20 世纪 60 年代实现激光锁模以来，锁模激光脉冲宽度为皮秒（10^{-12} s）数量级；70 年代，脉冲宽度达到亚皮秒（10^{-13} s）数量级；到 80 年代则出现了一次飞跃，即在理论和实践上都有一定的突破。1981 年，美国贝尔实验室的研究人员提出碰撞锁模理论，并在六镜环形腔中实现了碰撞锁模，得到稳定的 90 fs 的光脉冲序列。采用光脉冲压缩技术后，获得了 6 fs 的光脉冲。超短脉冲（纳秒数量级以下的光脉冲，ps～fs）技术是物理学、化学、生物学、光电子学以及激光光谱学等对微观世界进行研究和揭示新的超快过程的重要手段。超短脉冲技术的发展经历了主动锁模、被动锁模、同步泵浦锁模、碰撞锁模（CPM）以及 90 年代出现的加成脉冲锁模（APM）或耦合腔锁模（CCM）、自锁模等阶段。90 年代自锁模技术出现，在钛宝石（掺钛蓝宝石）自锁模激光器中得到了小于 5 fs 的超短激光脉冲序列。

自由运转激光器的输出一般包含若干个超过阈值的纵模，这些纵模的振幅及相位都不固定，激光输出随时间的变化是它们无规则叠加的结果，是一种时间平均的统计值。

锁模是指使各纵模在时间上同步，频率间隔也保持一定。利用锁模原理可使激光器输出脉宽极窄、峰值功率很高的超短脉冲。

模式选择要求激光方向性或单色性很好，模式选择技术可分为两大类：一类是横模选择技术；另一类是纵模选择技术。可对激光谐振腔的模式进行选择。

图 4-13 所示是不同横模的光场强度分布。横模阶数越高，光场强度分布就越复杂且分布范围越大，因而其光束发散角越大。

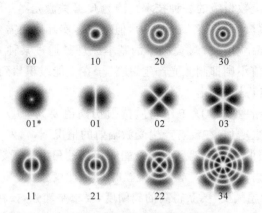

图 4-13 不同横模的光场强度

4.3 项目实训——激光器演示

任务:(1) 激光束光斑大小和发散角测量。

(2) 二共焦球面扫描干涉仪与 He-Ne 激光器的模式分析。

(3) He-Ne 激光器模式及参数测量。

He-Ne 激光器的工作物质为纯度大于 99.99% 的氦气和氖气。其中氖气是发出激光的气体,而氦气则是提供光放大条件(产生粒子数反转)的气体。它们按一定的比例、一定的压强充入玻璃放电管内。为了提高能量使气体点燃,在放电管上安装阳极和阴极。

仪器:氦氖激光器(见图 4-14),激光功率指示仪,透镜(焦距分别为 -60 mm,100 mm, 150 mm),二维调整架,CMOS 相机等。

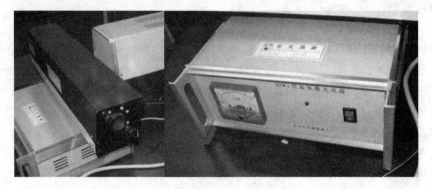

图 4-14 He-Ne 激光器

1. 激光束光斑采集

(1) 如图 4-15 所示,将激光器及配件放到导轨上并固定好,选用 2 m 谐振腔反射镜。

(2) 将激光器调整至最佳状态,并点燃 20~30 min。

(3) 调整激光器出光方向与导轨平行(可以用调节板实现)。

(4) 将 CMOS 相机操作软件及光束质量测量软件打开,在激光器出光口处使用 CMOS 相机测量激光光斑直径,并记录直径。向远离激光器方向移动 CMOS 相机一定距离,通过导轨刻度记录移动距离,在此位置测量激光光斑直径,并记录直径。光斑直径最小位置即为光束束腰的位置。

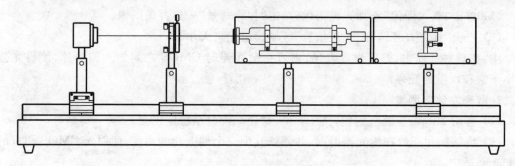

图 4-15　固定各仪器

（5）保持各个仪器位置不变,在激光器和 CMOS 相机之间放入各种焦距的透镜,观察光斑变换,分析原因。

（6）将两凸透镜分别与凹透镜组合成望远镜系统,将光束扩束后观察其变化情况,测试激光的高斯光束参数,计算出光斑位置和大小、远场发散角、共焦参数;并与理论计算值进行对比,分析原因。

软件操作说明如下。

（1）打开 AMCap. exe,软件功能选项卡如图 4-16 所示。

图 4-16　软件功能选项卡

（2）单击"设备",选择 CMOS 相机"SKT-MS200C-13A"。

（3）单击"选项",单击"video capture pin",更改输出大小为 640×480 并确定;单击"video capture Filter",更改相机参数,使成像最佳。

（4）单击"捕捉",选择"静态图片",设置默认路径。

（5）单击"拍照"进行图像采集,分别采集光斑及背景图像。

（6）打开光束质量测量软件,界面如图 4-17 所示。

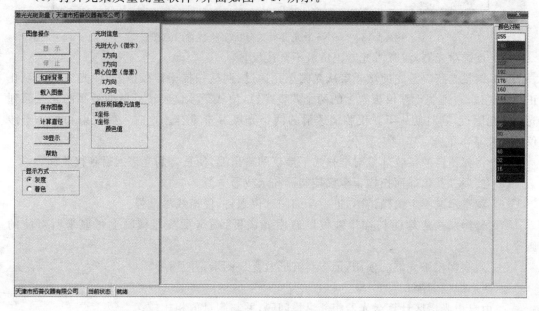

图 4-17　光束质量测量软件主界面

（7）单击"载入图像"添加光斑图像；单击"扣除背景"采集背景图像。

（8）点击"计算直径"，在"光斑信息"区域读出光斑大小。

注：在观察过程中，如果光强太强，则可在激光器与 CMOS 之间加入偏振片，使得光强略小于饱和所需的光强。

2. 激光发散角测量

（1）选用 2 m 谐振腔反射镜，将 He-Ne 激光器调整至稳定出光。

（2）将偏振片架放在激光器前面，并调整其中一个偏振片的角度，使射入 CMOS 相机的激光光强适中。

（3）在束腰位置后 L_1 处测量光斑直径 D_1，向后移动 CMOS 相机至 L_2 处测量光斑直径 D_2。

（4）由于发散角度较小，可做近似计算，算出全发散角 2θ。

3. He-Ne 激光器模式分析

（1）按图 4-18 所示实验装置示意图连接线路，注意检查无误后才可通电。

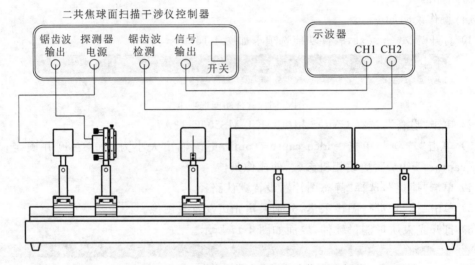

图 4-18　He-Ne 激光器模式分析实验装置示意图

（2）点燃激光器，注意激光器正负极不要接反。

（3）调整光路。首先使激光束从光阑小孔通过，调整扫描干涉仪位置，使光束从入射孔正中心穿过；再细调干涉仪板架上的两个调整螺钉，使从干涉仪腔镜反射的最高的光点回到光阑小孔附近，同时使从干涉仪腔镜透射的两个光斑尽量重合。这时入射光束和扫描干涉仪的光轴基本重合。

（4）将探测器的接收部位对准扫描干涉仪的输出端，使重合的光斑入射到接收面。

（5）接通二共焦球面扫描干涉仪控制器和示波器电源。

（6）观察示波器上的频谱图，进一步细调方位螺钉，使谱线尽量强。

（7）分辨二共焦球面扫描干涉仪的自由光谱区，确定示波器横轴上每厘米所对应的频率。

（8）观察多模激光器的模谱，记下其波形及光斑图形，并且：

① 测出纵模间隔；

② 由自由光谱区计算激光器相邻纵模间隔，并与测量值相比较；

③ 测出纵模个数,由纵模个数及相邻纵模间隔计算出激光器工作物质的增益线宽(通常认为 He-Ne 激光器的增益线宽约 1300 MHz);

④ 分析是否存在高阶横模,估计其阶次,并与远场光斑加以比较。

(9) 根据横模的频率频谱特征,在同一干涉序列内有多个不同的横模,测出不同的横模频率间隔并与理论值比较,检查辨认是否正确。

(10) 根据定义,测量扫描干涉仪的精细常数 F。为了提高测量精度,需将示波器的 CH2 通道 X 轴增幅,此时可利用已知的最靠近的模间隔数值作为标尺,重新确定比值,即每厘米代表的频率间隔。

(11) 用 CMOS 相机采集光斑形状,观察分析激光器的模式,并与扫描干涉仪所示图谱进行对比。

(12) 更换不同的谐振腔反射镜,重复以上步骤,观察现象。

(13) 用吹风的方法观察模频率的漂移和跳模现象,并解释其原因。

(14) 改变 He-Ne 激光器的电源电流,观察以上因素对激光器模式的影响。

4.4　项目小结与思考题

1. 项目小结

(1) 激光器主要由工作物质、泵浦源和光学谐振腔三部分构成。工作物质是激光器的核心。

(2) 激光器种类繁多,可从激光工作物质、光学谐振腔腔型、输出波长范围、运转方式、激光技术、激励方式等方面进行分类。

(3) 激光技术指为控制与改善激光器输出特性而发展的各种技术。基本的激光技术有调 Q、锁模、增益开关与倍频等。

2. 思考题

(1) 典型固体激光器由哪些基本部分组成?

(2) He-Ne 激光器中,He 和 Ne 的作用分别是什么?

(3) 简述 CO_2 激光器的基本结构及工作原理。

(4) 工业生产中常用的激光器有哪些?

(5) 简述光纤激光器谐振腔的基本结构。

(6) 简述激光束光斑大小和发散角测量、二共焦球面扫描干涉仪与 He-Ne 激光器模式分析、He-Ne 激光器模式及参数测量步骤。

项目 5

激光应用——激光打标技术

项目任务要求与目标
- 掌握激光打标的基本知识;
- 会操作激光打标机;
- 掌握激光打标产品质量检验的常用方法。

5.1 激光打标基本知识

激光打标(laser marking)技术是激光加工最常见的应用之一。激光打标是利用高能量密度的激光对工件进行局部照射,使其表层材料汽化或发生颜色变化的化学反应,从而留下永久性标记的一种打标方法。激光打标可以打出各种文字、符号和图案等,标记尺寸可以从毫米量级小至微米量级,这对产品的防伪有特殊的意义。激光打标又称激光标刻、激光标记、激光打码。激光打标的特点是非接触加工,可在任何异型表面标记,工件不会变形和产生内应力,适用于金属、塑料、玻璃、陶瓷、木材、皮革等材料。

激光几乎可对所有零件(如活塞、活塞环、气门、阀座、五金工具、卫生洁具、电子元器件等)进行打标,如图 5-1 所示,且标记耐磨,生产工艺易实现自动化,被标记工件变形小。

图 5-1　激光打标产品实例

激光打标所用设备称为激光打标机,如图 5-2 所示。激光打标机采用激光振镜扫描法打标,即将激光束入射到两反射镜上,利用计算机控制扫描电动机带动反射镜分别沿 X、Y 轴转动,激光束聚焦后落到被标记的工件上,从而形成激光标记的痕迹。

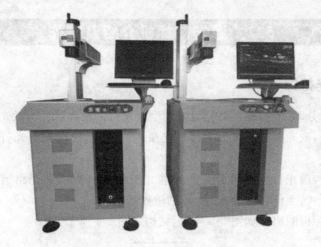

图 5-2 激光打标机实物图

激光打标工艺参数如表 5-1 所示。

表 5-1 激光打标工艺参数

工艺参数	参数描述
激光功率	控制激光器输出的值。电流值越大,激光功率就越大
频率	控制激光的峰值功率和单位时间内激光脉冲数。频率值越大,峰值功率就越小,单位时间内激光脉冲数就越多
标刻速度	控制激光标刻的速度。就是激光打标机在打标时的加工速度——激光输出在刻线时的速度
空走速	激光在扫描加工图形边框时的速度;激光从初始点到加工起点的速度
图形填充间距	控制标刻图形里面的实心程度。图形填充间距越小表示填充越密集,图形越接近实心,当然线条越多最终加工时间就越长
开光延时	激光器输出激光的瞬间对激光的延时
关光延时	激光器关断激光的瞬间对激光的延时
拐角延时	当夹角大于 135° 时,激光在拐角处的延时
跳跃延时	激光由关光到开光之间的延时

激光打标方式分为三种——扫描式打标、掩模式打标、阵列式打标,如表 5-2 所示。

表 5-2 激光打标方式

打标方式	描　述
扫描式打标	扫描图案输入到计算机,计算机控制激光器和扫描机构,使激光在被加工材料表面上扫描形成标记。可分为机械式扫描和振镜式扫描
掩模式打标	将打标的图案等雕刻在掩模板上,激光器发出的脉冲激光经过扩束后,均匀地投射在掩模板上,通过透镜聚焦后成像到工件聚焦表面,材料表面熔化、汽化或者发生化学反应形成标记。也称为投影打标
阵列式打标	使用几个比较小的激光器同时发射脉冲,当激光透过反射镜和聚焦镜,打在打标材料表面的时候,熔出大小、深度都均匀的小坑。因其横向有 5 个点,纵向有 7 个点,形成了 5×7 的阵列,故称阵列式打标

5.2　激光打标机介绍及操作

5.2.1　激光打标机

按工作方式划分,激光打标机可分为连续型激光打标机和脉冲型激光打标机。

按激光波长分,激光打标机可分为红外光激光打标机、可见光激光打标机、紫外光激光打标机。

按扫描方式分,激光打标机可分为光路静止型激光打标机和光路运动型激光打标机。典型的形式有振镜式、工作台运动式、X/Y 轴激光运动式。

一般,激光打标机的组成如图 5-3 所示,结构如图 5-4 所示。

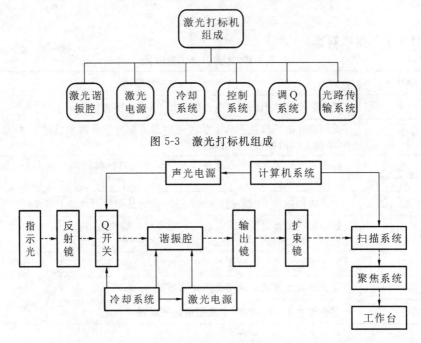

图 5-3　激光打标机组成

图 5-4　激光打标机结构框图

其中,扩束镜的主要参数有:① 扩束倍数,一般为 1.5～10,扩束倍数越大,激光发散角的压缩比越大;② 可改善激光束的准直度数,一般取决于发散角大小;③ 适用功率。

计算机系统通过控制振镜的运动形成加工所需光束轨迹,控制声光电源的通断形成激光的适时通断和能量,两者共同形成所需加工轨迹。冷却系统带走激光打标机工作时产生的热量,同时提供流量、液位、温度中断保护信号,必要时及时中断激光电源和声光电源的工作。

激光振镜扫描系统具有稳定的扫描性能和较高的扫描速度。计算机控制器提供信号,通过放大电路驱动光学扫描头,获得精细的扫描效果。振镜可分为二维振镜和三维振镜。激光振镜扫描系统广泛应用于激光打标、激光焊接、激光内雕等行业。图 5-5 所示为激光振镜扫描系统的组成。

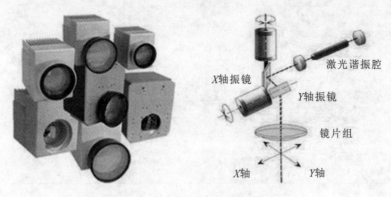

X轴振镜

激光谐振腔

Y轴振镜

镜片组

X轴   Y轴

图 5-5　振镜扫描系统的组成

5.2.2　激光打标机操作

　　TY-FM-20 型光纤激光打标实训系统由激光器、计算机控制系统、振镜扫描系统、指示系统、聚焦系统、输入输出接口、冷却系统、工作台等组成。激光器采用 20 W 的光纤激光器，是整个激光打标系统的核心，主要由光纤激光器和激光器电源组成。振镜扫描系统由光学扫描器和伺服控制两部分组成。TY-FM-20 型光纤激光打标实训系统的技术参数如表5-3所示。

表 5-3　TY-FM-20 型光纤激光打标实训系统技术参数

技术参数	参数要求
激光功率	20 W
调制频率范围	20~100 kHz
供电电源	220 V,50 Hz,单相交流电源
最大电源输出功率	1 kW
效率	≥80%
过压保护	115%~135%
过流保护	110%~120%
振镜扫描范围	110 mm×110 mm

1. 图形的分类和特点

1）分类

激光加工中,图形(像)分为两类:矢量图和位图,如图 5-6 所示。

矢量图是以数学中的矢量方式来记录图像内容的,以线条和色块为主。

位图由很多点(像素)组成,许许多多不同颜色的点组合在一起构成一幅完整的图形。

2）特点

矢量图的特点:所占空间小,放大、缩小和旋转时不会失真,处理图形和打标时速度快;色彩比较单一。

位图的特点:所占空间比较大,放大、缩小和旋转时会失真,处理图形和打标时速度慢;色彩丰富,形象逼真。

矢量图一般可直接打标,位图除了人物照片外一般都要先处理成矢量图才能打标,因为矢量图打标速度较快,效果较好。

(a)　　　　　　　　　　　　　　　(b)

图 5-6　矢量图与位图示例
(a) 矢量图　(b) 位图

3）主要格式

矢量图主要格式：PLT、DXF、DWG、CDR、AI 等。

位图主要格式：BMP、JPG、TIF、GIF 等。

2. 图形处理的基本方法

1）在 CorelDraw 中处理

对于图形，采用描图或绘图的方法，原则上能绘的不描，以绘图优先；对于文字，以找相同字体为主，找不到相同字体时把文字当作图形进行描轮廓。

2）在 AutoCAD 中处理

描图或绘图，与在 CorelDraw 中处理方法相似。

3）在打标软件中直接处理

比较通用的打标软件是金橙子打标软件。是否在打标软件中直接处理，主要依据图形的复杂程度和软件的绘图功能。

3. 处理图形的流程

① 扫描得到位图；② 将位图导入绘图软件或打标软件中；③ 用描图或绘图的方法得到轮廓图；④ 修改完善后试填充；⑤ 输出矢量图 PLT 或 DXF；⑥ 将矢量图导入打标软件中；⑦ 图形编辑；⑧ 打标。

4. 图形格式的转换

（1）在 CorelDraw 中输出 PLT 格式，注意输出时的设置。

（2）在 AutoCAD 中转换成 DXF 格式或 PLT 格式。

5. 激光打标机的操作

1）激光打标的流程

① 分析可行性；② 图形处理；③ 编辑打标文件；④ 调焦；⑤ 工艺参数设置调整；⑥ 打样；⑦ 样品质量检验；⑧ 夹具设计；⑨ 定位；⑩ 批量加工。

2）激光打标机的基本操作

（1）开关机。

错误的开关机顺序容易导致设备损坏或影响设备使用寿命，同时存在安全隐患。开关机顺序一般以设备说明书为准。基本的原则是先检查，再开外部电源；先开强电，再开弱电。

（2）软件操作。

软件操作主要包括：文字的处理、大小设置、填充等；图形的导入和编辑；图形的大小、位置、填充;工艺参数的设置和修改,如打标速度、激光功率(电流、功率等)、频率等;图形的颜色、图层、保存和打开及软件中其他的功能。

(3)调焦。

焦点处能量最强,光斑最小。焦距越大,焦深越大,打标幅面也越大。

(4)主要工艺参数设置。

功率或电流:激光打标的首要参数,直接影响打标效果。

打标速度:与功率或电流相适应,影响打标效果和打标效率。

频率:每秒钟激光出光次数,决定单点的激光能量,影响打标效果。

填充密度:密度大小和填充方式,影响打标效果和打标效率。

焦距:分正负离焦,主要影响打标效果。

(5)定位。

定位原则:简单、快捷、方便、准确。

定位方法:利用磁铁、铁块、V形槽、橡皮泥、专用夹具等进行定位。

6. 打标质量的分析和检验

打标总要求:在保证打标质量的前提下尽可能提高打标效率。

打标质量要求:整体美观,颜色对比明显,轮廓清晰。

检验方法:目测;用显微镜观察;用游标卡尺测量。

5.3　激光打标软件失真的调试

5.3.1　振镜系统失真及其解决方法

1. 振镜系统失真

振镜系统产生枕形、桶形失真或尺寸不准,是由振镜扫描方式所造成的一种固有现象,解决的方法是对失真进行信号校正。

校正的方法有两种。一种是硬件校正。校正的方法是将 D/A 卡输出的模拟信号通过一块校正卡校正,按照一定的规律改变其电压值,再将信号传送到振镜;或调节驱动卡上的电位器。另一种是软件校正,软件本身附带有校正功能。

2. 振镜系统失真的软件校正操作

对于一个失真图形,软件校正应该先校正其形状变化,再校正其尺寸变化。

1)打标图形失真类型

(1)少部分图形形状变化,尺寸不变,如图 5-7 所示。

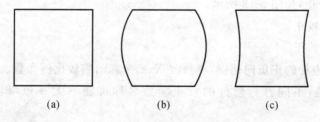

图 5-7　失真类型(1)

(a)标准图形　(b)失真图形　(c)失真图形

（2）大部分图形形状变化，尺寸变化，如图 5-8 所示。

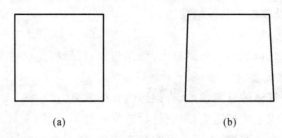

（a）　　　　　　　（b）

图 5-8　失真类型（2）
（a）标准图形　（b）失真图形

2）图形形状变化的基本类型

（1）光学畸变：当按测试键试打方形时，其边线不是直线，而是内凹或外凸的曲线。

畸变程度判定：如图 5-9 所示，h/a 数值越大，畸变程度越高。一般地，打标时保证 h/a 数值不大于尺寸 a 的自由公差，即可认为产品合格。

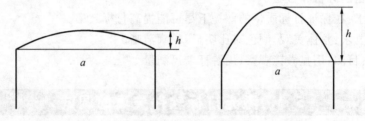

图 5-9　畸变程度

（2）梯度：图案是梯形。

（3）线性度：方形的变化率不一致。

3）图形尺寸变化

根据振镜扫描范围大小调整控制最大打标区域，实际上是调整控制伺服电动机的输入电压，从而控制伺服电动机的转动角度。

5.3.2　软件校正操作步骤实例

（1）调整好振镜焦距，打开打标软件，软件界面如图 5-10 所示；校正参数设置，弹出如图 5-11所示的对话框。

（2）调整光学校正的界面。

（3）按"F7"进行测试。打标实物图是一个包含形状误差和尺寸误差的综合图形，所以我们要进行光学校正，如图 5-12 所示。

（4）形状误差校正。

（5）尺寸误差校正。

先修改 X、Y 坐标的正负向比例，再修改 X、Y 坐标的缩放比例参数。

值得注意的是，不同打标软件的校正参数名称可能不太一致，但其基本原理是相同的。

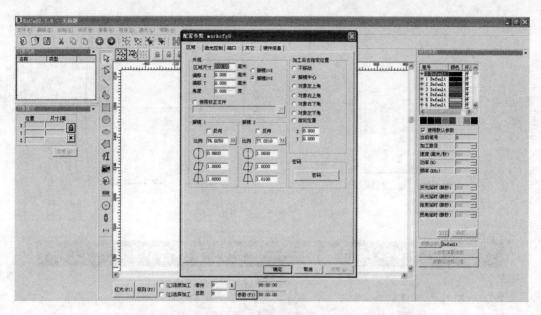

图 5-10 打标软件主界面

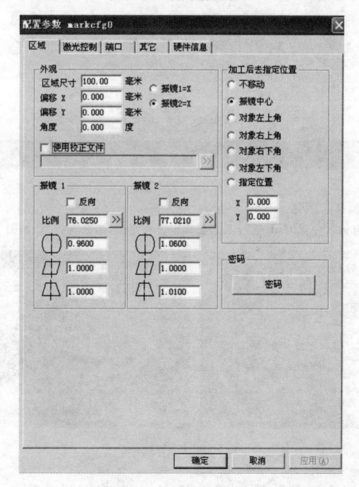

图 5-11 参数配置对话框

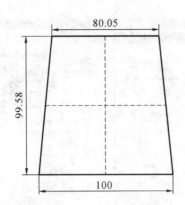

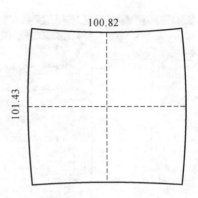

图 5-12   形状校正前图形示例

5.4   项目实训——激光打标综合实训

任务 1:名片的设计制作。

在 CorelDraw 或打标软件中设计制作图 5-13 所示的名片。

深圳信息職業技術學院

张××   博士

特种加工技术专业(激光加工技术方向)

联系电话:0755-89220000   深圳市龙岗区龙翔大道 2188 号
邮箱:xiaohhh@sziit.edu.cn   www.sziit.edu.cn

图 5-13   名片示例

任务 2:金属打标。

使用激光打标软件 EzCad,学习工艺参数设置和定位,给金属打标,如图 5-14 所示。

图 5-14   金属打标示例

实训注意事项如下。

(1) 在 AutoCAD 中处理:描图或绘图,与 CorelDraw 中处理方法相似。

(2) 在打标软件中直接处理:可使用 EzCad 等打标软件。是否在打标软件中直接处理,主要依据图标的复杂程度和软件的绘图功能。激光打标软件 EzCad 主界面如图 5-15 所示。

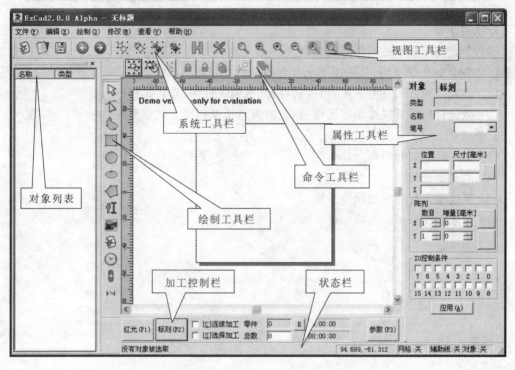

图 5-15 激光打标软件 EzCad 主界面

(3) 打标文件的编辑应合理、美观;焦距要调准。

(4) 工艺参数(能量、打标速度、频率、填充密度等)要合适。参数设置如图 5-16 所示。

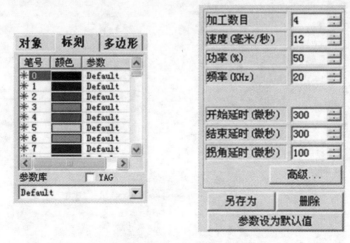

图 5-16 激光打标参数设置

5.5 项目小结与思考题

1. 项目小结

(1) 激光打标技术是利用高能量密度的激光对工件进行局部照射,使表层材料汽化或发生颜色变化的化学反应,从而留下永久性标记的一种打标方法。

(2) 激光打标方式分为三种:扫描式打标、掩模式打标、阵列式打标。

(3) 激光打标机可以按照按工作方式、激光波长及扫描方式分类。

2. 思考题

(1) 简述激光打标的概念。

(2) 简述激光打标工艺参数。

(3) 简述激光打标机的操作步骤。

(4) 简述激光打标机失真调试步骤。

项目 6

激光应用——中小功率激光金属切割

项目任务要求与目标
- 掌握激光切割的基本知识；
- 掌握激光切割操作；
- 了解激光切割工艺。

6.1 激光切割

激光切割(laser cutting)是利用经聚焦的高功率密度激光束照射工件,使被照射的工件表面材料迅速熔化、汽化、烧蚀或达到燃点,同时借助与光束同轴的高速气流吹除熔融物质,从而将工件割开的技术。激光切割是热切割方法之一。激光切割如图 6-1 所示。

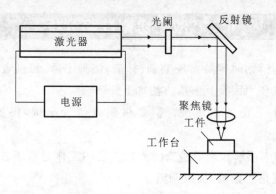

图 6-1　激光切割示意图

根据不同的切割原理,激光切割分为以下几类。

1) 汽化切割

当高功率密度激光束照射工件时,工件表面材料在极短的时间内被加热达到汽化温度,部分材料化作蒸气逸去,部分材料以喷出物形式从割缝底部被辅助气体吹除。

激光汽化切割多用于极薄金属材料和非金属材料(如纸、布、木材、塑料和橡胶等)的切割。

2) 熔化切割

利用一定功率密度激光束照射工件,使工件表面材料熔化形成孔洞,同时利用与激光束

73

同轴的非活性辅助气体将孔洞周围的熔融材料吹除,形成割缝。

激光熔化切割主要用于一些不易氧化的材料或活性金属的切割,如不锈钢、钛、铝及其合金等。

3)氧助熔化切割

激光将工件加热到其燃点,利用氧气或其他活性气体使材料燃烧,产生激烈的化学反应而形成除激光以外的另一种热源,在两种热源的共同作用下完成切割。

激光氧助熔化切割主要用于碳钢、钛钢以及热处理钢等易氧化的金属材料的切割。

4)控制断裂切割

对于易受热破坏的脆性材料,利用激光束加热进行高速、可控切断。激光划片利用高能量密度的激光在脆性材料的表面进行扫描,使材料受热蒸发出一条小槽。然后施加一定的压力,脆性材料就会沿小槽处裂开。激光划片用的激光器一般为 Q 开关激光器和 CO_2 激光器。可控断裂是由于激光刻槽时所产生的陡峭的温度分布,在脆性材料中产生局部热应力,使材料沿小槽断开。

激光切割的工艺参数如表 6-1 所示。

表 6-1 激光切割工艺参数

参数	描 述
激光参数	激光功率、切割速度、频率、占空比、切割高度、焦点
材料参数	材料类型、材料厚度、表面状态
气体参数	气体种类、气体压力
其他参数	喷嘴直径

6.2 激光切割缺陷分析

激光切割碳钢或不锈钢时容易出现毛刺、挂渣、切割不透、切割表面粗糙等常见切割缺陷。工件产生毛刺的主要原因及其解决方法如下。

(1)激光焦点的上下位置不正确。需要做焦点位置测试,根据焦点的偏移量进行调整。

(2)激光的输出功率不够。需要检查激光发生器的工作是否正常,如果正常,则观察激光控制按钮的输出数值是否正确,加以调整。

(3)切割速度太慢。需要在操作控制时加大线速度。

(4)切割气体的纯度不够。需要提供高质量的切割工作气体。

(5)激光焦点偏移。需要做焦点位置测试,根据焦点的偏移量进行调整。

(6)机床运行时间过长出现的不稳定性。需要关机重新启动。

(7)在其他参数都正常的情况下,应考虑以下情况:①激光头喷嘴损耗。应及时更换喷嘴;在无新喷嘴更换的情况下,应加大切割工作气体压力。②喷嘴与激光头连接处螺钉松动。应立即暂停切割,检查激光头连接状态,重新上好螺钉。

表 6-2 所示是常见激光切割缺陷及其解决方法。

表 6-2　常见激光切割缺陷、原因及解决办法

缺陷类型		可能原因	解决方法
碳钢 （用 O_2 切割）	底部带有熔渣	气压低 焦点位置过高 进给速度太高	加大气压 降低焦点位置 降低进给速度
	底部金属带有毛刺，且很难去除	气压低 焦点位置过高 气体不纯 进给速度太高	加大气压 降低焦点位置 更换气体 降低进给速度
	底部只有一边有毛刺	喷嘴未对中 喷嘴口有缺陷	对中喷嘴 换喷嘴
	工件未切透	功率太低 切割速度太高 气体不对	提高功率 降低切割速度 更换气体
	切割表面非常粗糙	焦点位置过高 气压太高 切割速度太低 材料太热、材料不好	降低焦点位置 降低气压 提高切割速度 冷却材料、更换材料
	无毛刺，切口底部变得狭窄	切割速度太高	降低切割速度
不锈钢 （用 N_2 切割）	底部产生点滴细小状毛刺	焦点位置过低 进给速度太高	提高焦点位置 降低进给速度
	切割边缘发黄	氮气含有氧气杂质	使用高纯度的氮气
	两边都产生长的不规则的细丝状毛刺	切割速度太低 焦点位置过高 气压太低 材料太热	提高切割速度 降低焦点位置 提高气压 冷却材料
	一边产生不规则毛刺	喷嘴未对中 焦点位置过高 气压太低 切割速度太低	对中喷嘴 降低焦点位置 提高气压 提高切割速度
	切口粗糙	透镜有灰尘 喷嘴损坏	清洗透镜 更换喷嘴
	材料从上面排出	功率太低 切割速度过高 气压太高	首先暂停切割，防止熔渣飞溅到透镜上 提高功率 降低切割速度 降低气压

6.3　激光切割机分类及操作

6.3.1　激光切割机分类

按照激光切割机光路系统，激光切割机可以分为定光路激光切割机、半飞行光路激光切割机、全飞行光路激光切割机。

（1）定光路激光切割机。

最常见的定光路激光切割机是十字滑台激光切割机，它的光路固定不变，通过工作台的运动来实现二维切割。这种运动方式可以减少激光器和传输光路的振动，提高切割的质量。精密激光切割机大多采用这种运动方式。

（2）半飞行光路激光切割机。

由于定光路激光切割机最大的缺点是很难解决落料问题，容易发生作业故障，而且YAG 固体激光器输出光斑的模式是准基模，不适合全飞行光路，所以工业中大多采用半飞行光路激光切割机，俗称龙门式激光切割机。较大幅面的薄板激光切割机常采用这种方式。

（3）全飞行光路激光切割机。

全飞行光路激光切割机对激光的光束质量要求很高，固体激光器一般不采用，而 CO_2 激光切割机大多采用全飞行光路实现二维切割。

按激光器来分，激光切割机主要包括大功率 YAG 激光切割机、轴快流 CO_2 激光切割机、扩散冷却 CO_2 激光切割机、大功率光纤激光切割机等。

多关节型 YAG 激光切割机器人用光纤把激光器发出的光束直接传送到装在机器人手臂的割炬中，因此比 CO_2 激光切割机器人更为灵活。这种机器人是由原来的焊接机器人改造而成的，采用示教方式，适用于三维板金属零件，如轿车车体模压件等的毛边修割、打孔和切割加工。

图 6-3 所示为不同类型的激光切割机。

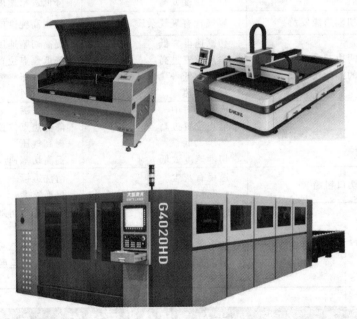

图 6-3　不同类型的激光切割机

6.3.2　激光切割机操作

1.激光切割机结构和原理

一般激光切割机的结构分为五部分：① 操作控制台：绘图、编程。② 电源柜：提供整机用电。③ 冷却部分：空调制冷，水箱存放冷却水。④ 工作台：通过控制实现运动，放置切割工件。⑤ 光学部分:光电转换,激光的产生和传输。激光器的核心是产生激光束的谐振腔。真空泵抽真空,涡轮风机使气体沿谐振腔的轴向做高速运动。气体在热交换器中冷却,有利于高压单元和气体之间的能量交换。气体流动方向与谐振腔轴向一致。轴向流动的气体可以得到有效的冷却,因此能优化谐振腔内的能量转换过程。图 6-2 所示为中小功率激光切割机示例。

2. 软件 Laser cut

软件 Laser cut 切割系统具有以下功能。

(1) 支持 AI、DXF、PLT 等图形数据格式,接受 MasterCam、Type3 等软件生成的国际标准 G 指令。

(2) 导入 DXF 图形时,直接提取 AutoCAD 文字轮廓。

(3) 系统支持输入 TrueType 字体,能直接对输入文字进行切割加工。

图 6-2　中小功率激光切割机

(4) 系统调入图形、图像数据后,可进行排版编辑,如缩放、旋转、对齐、复制、组合、拆分、光滑、合并等。

(5) 对导入的数据进行合法性检查,如封闭性、重叠、自相交、图形之间距离检测,确保加工中不过切、不费料。

(6) 根据切割类型(阴切、阳切)、内外关系、干涉关系,自动计算切割图形的引入、引出线,保证断口光滑。

(7) 自动计算切割割逢补偿,减少加工数据制作时间,确保加工图形尺寸准确。

(8) 根据加工工艺需要,可任意修改图形切割开始位置和加工方向,同时系统动态调整引入、引出线位置。

(9) 自动优化加工顺序,同时还可以手工调整,减少加工时间,提高加工效率。

(10) 可以分层输出数据,对每层可以单独定义输出速度、拐弯加速度、延时等参数,并自动保存每层的定义参数。

(11) 调整图层之间的输出顺序,设置图层输出次数和是否输出图层数据。

(12) 选择图形输出,支持在任意位置加工局部数据,对补料特别有用;同时可以使用裁剪功能,对某个图形的局部进行加工。

(13) 自动根据加工图形、原材料大小,进行自动套料(可选功能模块)。

3. 激光切割机及其系统一般操作

图 6-4 所示为激光切割机工作台。

图 6-4　激光切割机工作台

1）开机

打开总电源→打开电源柜后面的空气开关→开启计算机→打开计算机钥匙开关→打开电源柜钥匙开关→检查急停开关（要弹出）→启动（等 20 s 待水循环到位）→按"选项"显示"ON"→确认（等 90～120 s 待预燃灯 Ⅰ、Ⅱ 亮）→调参数。

2）关机

按"选项"显示"OFF"→确认（待预燃灯 Ⅰ、Ⅱ 熄灭）→等 8～10 min 待水冷却激光器→按"停止"→关钥匙和急停开关→关掉计算机钥匙开关→按正常程序关计算机→关总电源。

3）点单灯

点单灯只能检查，不能在正常切割中使用。

打开电源柜钥匙和急停开关→启动（等 20 s 待水循环到位）→按"选项"显示"ON"→按"1"或"2"→确认（等 90～120 s 待预燃灯 Ⅰ 或 Ⅱ 亮）。

4）调参数

按"选项"显示"P"→编程→确认（输入电流）→按"选项"（输入脉宽）→按"确认"（输入频率）→按 3 次"确认"（"嘀"一声，最终显示"L.1　1"）。

5）水箱冷却水的更换

水箱由水流开关（测水位、测水流）和水温控制器（监视水温）等组成。

换水方法：放掉水箱里面的水（边放边清洗水箱内壁）→水放完后拔出过滤网并清洗干净→关掉水箱回水管阀门→插上光管（光压调在 0.3 MPa 内）→打开气压把水吹到水箱→关掉通气阀门→打开水箱回水管阀门→把水箱的水放完→加入新水→开机让水循环→把水加满。

6）温控表的参数设置

水温参数设置：按"SET"键，再按"△"或"▽"键改变参数大小。水温根据外界的温度而定，外界的温度越低则水温设置就越低，外界的温度越高则水温设置就越高，一般为 22～29 ℃。

温控参数设置：按"SET"键 6 s 后显示"HC"→再按"SET"键将显示"H"或"C"（选择"C"）→按"▽"键显示"LS"→按"SET"键不放手，同时按"△"或"▽"键改变其参数大小→依次设置"HS""D""PE""CR"参数，如表 6-3 所示。

表 6-3　温控表参数代号及功能

代号	功能	设置值
HC	制热或制冷	—
H	制热	—
C	制冷	C
LS	超高温报警	10
HS	超低温报警（不能为 0）	40
D	温差	3
PE	延时（必须为 0）	0
CR	温度校正	0

7）软件的应用

打开软件→读取 DXF 文件→优化→模拟（线路不正常）；前排或后排（线路正常）→补偿（参数→优化参数→补偿量）→自动加引线（参数→优化参数→引线长度）→定位→边检→设置电源柜参数（根据板材厚度不同）→设置软件的参数（切割速度、延时）→加工。

8）圆管和方管的切割方法

（1）切方管：在 CAD 绝对坐标零点处开始画图→输入 W 脉冲当量（W 脉冲当量＝脉冲数×减束比/360°）→把参数（加工加速度和跳步速度）改小→设置"W 轴零点偏移量"为 0→将旋转轴 W 轴线的方管调与 Y 轴平行→W 轴坐标系回零→检查回零后方管是否水平（不水平可用"W＋/W－"校正至水平）→输入"W 轴零点偏移量"（输入"校正方管放平时 W 坐标系所产生的参数"）→确定→W 回零→移动激光头到方管左侧边缘定位→在加工参数"圆管"项取消打"√"→在加工参数"方管"项打"√"→设置"方管宽度""方管高度""方管壁厚"→在"测试"菜单选"检查方管位置"（激光头每次都停在相应的面和棱边上即可）→加工。

（2）切圆管：画好 CAD 展开图→在加工参数的"圆管"项的"切圆管"项打"√"→设置"圆管直径"→加工。

9）切割软件的安装及部分操作

（1）安装软件：我的电脑→属性→硬件→设备管理器→DPIO 模块（双击）→重新安装驱动程序→从列表或指定位置安装→下一步→在搜索中包括这个位置→浏览（打开软件保存处）→打开软件文件→Drive→E3SGP Drive→确定→下一步→完成。

（2）安装加密狗：找到软件保存处→打开软件文件→Drive→Dog drive→Micro Doginstdrv（小狗图像）→安装→退出。

切割加工时，用户用切割软件自定义加工顺序。点击"工具/手工排序"，出现如图 6-5 所示对话框。

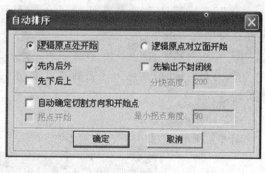

图 6-5　激光切割顺序设置

用户可以利用颜色将一个图形数据划分为若干图层，不同的图层可以设置不同的加工模式和加工方式。切割软件也可以识别专业绘图软件中的图层划分。利用不同的颜色最多可以设置 20 个图层。选中需要设置图层的图形，然后点击相应的颜色按钮即可。每增加一个图层，软件会自动在图层管理界面中增加一行显示，如图 6-6 所示。

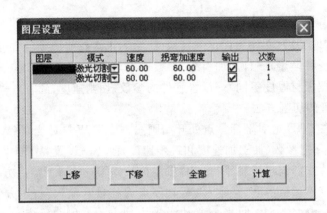

图 6-6　激光切割图层设置

（3）切割参数。

双击"图层"的颜色标志条，弹出"切割参数设置"对话框，如图 6-7 所示。

（4）高级切割参数。

点击"..."，出现如图 6-8 所示的对话框，可以设置高级参数。

图 6-7　激光切割参数设置

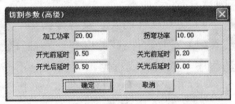

图 6-8　激光切割高级参数设置

各项参数说明如下。

① 加工功率：激光加工时的功率。

② 拐弯功率：激光加工时在图形拐角处的功率。

③ 开光前延时：激光头在切割起始位置，延长设备停留时间再开光。

④ 开光后延时：激光头在切割起始位置，延长开光信号时间再进行正常切割（保证起始点可以将钢板切透）。

⑤ 关光前延时：激光头在切割结束位置，延长设备结束点关光时间。

⑥ 关光后延时：激光头在切割结束位置，延长引光信号片刻再关光（保证结束点可以将钢板切透）。

（5）计算割缝补偿。

图 6-9 所示为"引入引出高级参数"对话框，可以计算割缝补偿。

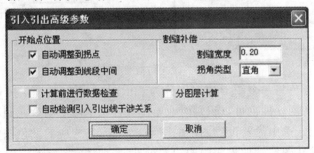

图 6-9　激光切割割缝补偿

各项参数说明如下。

① 开始点位置：自动调整到拐点——将切割起始点加到拐点的地方。自动调整到线段中间——将切割起始点加到图形线段的中间位置。

② 割缝补偿：割缝宽度——切割过程中，激光产生的宽度。拐角类型——在补偿割缝时，图形在拐角处可选择直角过渡或圆弧过渡。圆弧过渡的效果好于直角过渡，建议选择圆弧过渡。

③ 计算前进行数据检查：在计算引入引出前，检测数据的有效性。

（6）手动控制。

手动控制部分可以对机器进行定步长运动、引弧、关弧控制。如图6-10所示，在控制面板中部可以看到手动控制部分。

① 慢速：工作台以慢速移动。

② 步进：工作台移动一个步进距离。

③ 步进距离：步进移动时每次移动的距离。

④ 加工次数、加工延时：如果"加工次数"输入的值为"10"，"加工延时"输入的值为"3"，则点击一次"开始"可以对同一个工件加工10次，每次加工完成后将停留3 s。加工延时的间隔时间主要是上下料所需的时间，操作人员可以根据实际情况设定，该功能可以大大提高工作效率。

10）跟随仪的调整方法

（1）调粗调高度：先把微调高度和灵敏度调居中。按"跟随"调粗调高度，让激光头铜嘴与切割板的距离为1.5～2 mm。顺时针方向调节往上，逆时针方向调节往下。

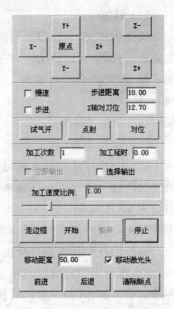

图6-10　控制面板

（2）调断线保护：先将跟随信号线拆下并悬空，不能接触任何物体。按"跟随"调断线保护螺钉，先将激光头往下调，再返调，让激光头刚好上升至最佳处，然后把跟随信号线锁紧。

11）全反射镜和半反射镜的清洗安装方法

全反射镜的镜片边缘有一个字母"Q"，一面有镀膜，有一个箭头"→"。

半反射镜的镜片边缘有一个字母"B"，两面有镀膜，有一个箭头"→"。

镜片的清洗方法：用棉签蘸无水乙醇，甩干后顺着镜面一个方向擦拭干净，使镜片表面无灰尘、无油污、无手指印。

镜片的安装方法：镜片清洁后放入调整架槽内，镜片箭头要指向激光发生器，整理平整后锁紧。锁紧后对着光检查镜片是否干净（没有清洁干净需返工），确认干净后用美纹纸封住。

12）扩束镜清洗和调平行光

扩束镜的镜片清洗方法与全（半）反射镜的镜片清洗方法相同。

平行光调节方法：设置电源柜参数为80 A、0.60 ms、100 Hz；用相纸在离扩束镜300～400 mm处打一光束，在离扩束镜5～6 m处打一光斑。远大近小则扩束镜大镜片往外扭，远小近大则反之，调好后锁紧扩束镜螺钉。（注：扩束镜镜筒不能移动）

13) 45°全反射镜

45°全反射镜的作用是使光垂直折射下来。

清洗方法:参照全(半)反射镜的镜片清洗方法。

安装方法:镜片镀膜面朝着扩束镜,装平整后锁紧。

调节方法:① 将镜座靠近下端的螺钉拧松,并打开盖子。② 取出激光头处的聚焦镜水冷座,在水冷座放一块铝块。如果红光不在其中心,可调节 45°全反射镜镜座上的 3 个调节螺钉,直到将红光调到中心为止。③ 将调节螺钉锁紧。

14) 移光

调光到出光口,踩脚踏判断绿光往哪边偏。如果是左右偏,就先调全反射镜的左右以改变方向,再调半反射镜的左右把绿光调圆、调亮、调均匀;如果还偏就重复以上操作。如果是上下偏,就先调全反射镜的上下以改变方向,再调半反射镜的上下,一直把绿光调与红光同心。

15) 调整光路

先装全反射镜(对准,调整架底部两边要平行,要看到红光折射点)→锁紧调整架底部的两个螺钉→把红光折射点调与红光同心→插上全反射镜水管→把防尘螺钉拧至与全反射镜调整架刚好接触即可→再装半反射镜(装法同装全反射镜)→把扩束镜水管插上→开机(参数设为 60 A、0.01 ms、10~30 Hz)→调半反射镜的两个螺钉,把绿光调圆、调亮、调均匀(先不管绿光是否与红光同心)→移光。

关机后在光具座前挡板出发口的美纹纸红光中心做记号→把扩束镜水管拔出→装扩束镜(扩束镜与银白色的铝圈扭紧,但铝圈与扩束镜调整架刚好接触即可,以免调整架的 4 个调节螺钉不起作用)→把水管插上→开机(参数设为 60 A、0.01 ms、10~30 Hz)→把红光调至与记号点同心→把白光和绿光调至与记号点同心→把扩束镜所有螺钉和全反射镜螺钉拧紧→把出光口美纹纸撕掉→参数设为 30 A、0.01 ms、30 Hz→用调光片在铜嘴下检查绿光(如果绿光不均匀,就微调半反射镜片;如果没看到红光或绿光缺角,就调45°全反射镜)→使激光与铜嘴同心。

6.4 项目实训——激光切割综合实训

任务:(1) 激光切割设备的操作。

① 开关机操作顺序及注意事项;

② 加工工艺流程;

③ 分析激光切割可行性;

④ 产品切割软件操作;

⑤ 焦点调节;

⑥ 切割工艺参数调节;

⑦ 产品切割质量检验。

(2) 切割图形编程及处理。

(3) 激光切割加工工艺实训。切割金属材料,如不锈钢片、碳钢材料等,样品造型可参照图 6-11;记录激光切割工艺参数,可参考表 6-4。

图 6-11　金属切割样品

表 6-4　激光切割工艺参数

材质	厚度/mm	电流/A	脉宽/ms	频率/Hz	速度/(mm/min)	气体压力/MPa	效果(挂渣)	最小线宽/mm
不锈钢	1	120	0.45	500	3000	1.5(N_2)	无	0.12
不锈钢	2	150	0.85	200	1000	1.5(N_2)	无	0.13
不锈钢	3	150	0.85	200	500	1.5(N_2)	少量	0.13
不锈钢	4	180	1.4	80	200	1.5(N_2)	少量	0.14
碳钢	1	120	0.45	500	4500	0.8(O_2)	无	0.10
碳钢	2	150	0.85	200	1400	0.6(O_2)	无	0.12
碳钢	3	150	0.85	200	1100	0.5(O_2)	无	0.13
碳钢	4	150	0.9	180	700	0.3(O_2)	无	0.14
铝合金	1	150	0.8	200	3000	0.8(O_2)	无	0.11
铝合金	2	150	0.85	200	800	0.8(O_2)	少量	0.12
铝合金	3	180	1.4	80	300	0.8(O_2)	少量	0.13
铜合金	1	150	0.85	200	1000	0.8(O_2)	极少	0.11
铜合金	2	180	1.4	80	300	0.8(O_2)	少量	0.13

6.5　项目小结与思考题

1. 项目小结

(1) 激光切割是利用聚焦的功率密度激光光束照射工件,使被照射的材料迅速熔化、汽化、烧蚀或达到燃烧点,同时借助与光束同轴的高速气流吹除熔融物质,从而将工件割开的技术。激光切割是热切割方法之一。

(2) 激光切割根据其切割原理可以分为汽化切割、熔化切割、氧助熔化切割、控制断裂切割等。

(3) 激光切割碳钢或不锈钢容易出现毛刺、挂渣、切割不透、切割表面粗糙等常见切割缺陷。

2. 思考题

(1) 简述激光切割设备的种类及其基本结构。

(2) 简述激光切割工艺。

(3) 简述固体激光切割机操作步骤。

(4) 简述常见激光切割缺陷、可能原因其及解决方法。

项目 7

激光应用——紫外激光切割与超短脉冲皮秒激光切割

项目任务要求与目标
- 掌握紫外激光切割的基本知识；
- 掌握紫外激光切割机的操作；
- 了解紫外激光切割工艺。

7.1 紫外激光切割与超短脉冲皮秒激光切割

激光与材料相互作用的物理过程十分复杂，涉及激光物理、传热学、等离子体物理、非线性光学、热力学、气体动力学、流体力学、固体材料的光学特性等。国内外学者进行了大量研究，揭示了其中一些重要的相互作用原理。

根据激光束与材料相互作用的原理，大体可将激光加工分为激光热加工和光化学反应加工两类。激光热加工是指利用激光束投射到材料表面产生的热效应来完成加工过程，包括激光焊接、激光切割、表面改性、激光打标、激光钻孔和微加工等；光化学反应加工是指激光光束照射到材料表面，借助高密度高能光子或控制化学反应过程来完成加工过程，包括光化学沉积、立体光刻、激光雕刻刻蚀等。

激光加热材料表面使其温度升高，当温度达到材料的熔点时，材料表面将发生熔化现象；继续加热到汽化温度时，材料表面将发生汽化现象。熔融区的出现使热传导变得很复杂，原因主要是材料熔化要吸收熔化热，而且材料的热传导率在熔化后将发生变化。

激光照射到材料表面时，材料表面温度按热传导的规律升高，但表面温度达到熔点，等温面以一定的速度向材料内部传播。其传播速度取决于激光功率密度和材料的固相、液相的热力学参数。图 7-1 所示为激光热加工过程示意图。

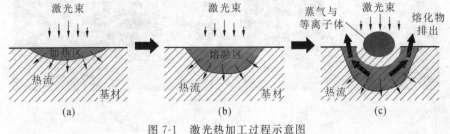

图 7-1　激光热加工过程示意图

(a) 加热　(b) 熔化　(c) 喷出

7.1.1 紫外激光切割

1. 紫外激光切割原理

在整个光化学反应加工过程中,由于紫外激光的波长短且激光束中单光子能量大于材料的分子束缚能量,因此可以利用激光的光子能量直接破坏材料分子的化学键,在材料表面形成等离子体。等离子体会在材料表面形成黑点,使材料吸收激光能量持续汽化,材料以小颗粒或者气态的方式排出,材料形成小孔。

采用紫外激光作用于高分子材料时,若光子能量高于材料的某些化学键能,则激光光子可以使材料的化学键直接断裂,产生以光化学作用为主的"冷"加工过程。在化学键结构中,常态下 C—C 键和 C—N 键的键能分别为 3.45 eV 和 3.17 eV,而 355 nm 的紫外激光的单光子能量为 3.49 eV,高于常态下 C—C 键和 C—N 键的键能,故可直接破坏材料的化学键。波长越短,光子能量越高,相较于 1064 nm 的红外激光和 532 nm 的绿激光,355 nm 的紫外激光更加适用于 PI 薄膜的切割。在光子能量高于材料的化学键能的同时,若激光能量密度达到材料的热损伤阈值,其相互作用不仅为光化学反应过程,而且存在光热转换过程,随着热量的产生和积累,材料温度不断上升。

2. 紫外激光切割的应用

紫外激光切割在工业中的应用主要有 PCB(printed circuit board ,硬板、刚性板)和 FPC(flexible printed circuit,软板、挠性板、柔性板)等的切割。PCB 和 FPC 都是电子元器件的支撑体,提供电气连接,具有集成度高、体积小、节约空间、应用方便的特点,广泛应用于各类电气电子产品中。

7.1.2 超短脉冲皮秒激光切割

要高效地利用激光对精密材料进行加工,应认识到调解激光辐射与物质之间相互影响的重要规律。低强度的短波激光脉冲作用于金属材料时,由于反方向的辐射,激光的能量会被自由电子吸收。然后,被吸收的激光能量需要在电子系统中热能化,将能量传输到晶格中,电子的热量传输导致能量流失。图 7-2 所示是短脉冲与超短脉冲加工原理。

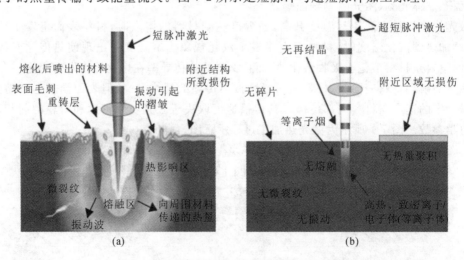

图 7-2 短脉冲与超短脉冲加工原理示意图

(a)短脉冲加工 (b)超短脉冲加工

假定在电子系统中的热能化非常快而且其电子和晶格系统都以热量为表征（T_e 和 T_i），那么能量进入金属中的过程就可描述为以两个温度为变化量的扩散模型：

$$C_e \frac{\partial T_e}{\partial t} = -\frac{\partial Q(z)}{\partial z} - \gamma(T_e - T_i) + S \tag{7-1}$$

$$C_i \frac{\partial T_e}{\partial t} = \gamma(T_e - T_i) \tag{7-2}$$

$$Q(z) = -k_e \frac{\partial T_e}{\partial z}, S = I(t)A\alpha e^{-\alpha z} \tag{7-3}$$

式中：z 为与固体目标表面垂直的一个分量；$Q(z)$ 为热流量；S 为激光加热源项；$I(t)$ 为激光光强；$A=1-R$ 和 α 分别为材料表面透射率和材料的吸收常数；C_e 和 C_i 分别为电子和晶格系统的单位体积比热容；γ 为电子-晶格耦合的特征参量；k_e 为电子的热导率。

电子的比热容远远低于晶格的比热容，因此电子会被加热到一个非常高的瞬时温度。当电子的温度（单位能量）残留小于费米能量时，电子的比热容和非平衡态的电子的比热容可以用 $C_e = C'_e T_e$（其中 C'_e 是常量）和 $k_e = k_0(T_i) \cdot T_e/T_i$（其中 $k_0(T_i)$ 是金属物正常平衡态下的比热容）表示。

特征时间量 $\tau_e = C_e/\gamma$，是电子的冷却时间；$\tau_i = C_i/\gamma$，是晶格的加热时间（$\tau_e \ll \tau_i$）；τ_L 是激光脉冲的持续时间。这三个参数定义激光和金属相互作用的三种不同环境，分别称为飞秒、皮秒和纳秒环境。超短脉冲皮秒激光切割技术的所有结论都建立在 $\tau_e \ll \tau_L \ll \tau_i$ 的条件上。

在皮秒环境下，晶格温度的保持时间远小于电子温度的保持时间，当满足条件 $k_e T_e \alpha^2 \ll \gamma T_e$ 时，能量转移至晶格中，导致电子冷却。晶格在被激光照射后所能达到的温度又能由电子冷却时间决定。在皮秒范围内，切割深度和激光能量的对数关系依然成立。在此条件下的激光切割都伴有电子热传导和金属内部熔融区的形成。

7.2　紫外激光切割设备介绍及操作方法

7.2.1　紫外激光切割设备的介绍

紫外激光切割设备由半导体泵浦固态紫外激光器、切割机主体、烟尘净化器、CCD 视觉系统、工作台、除尘系统等组成。切割机主体负责加工生产部分，烟尘净化器负责烟尘去除以及平台吸附、烟尘净化和循环。紫外激光切割设备配置有人性化中文操作系统，界面友好美观，功能强大多样，并且采用 CCD 视觉定位，抓捕图形，无须人工干预，可准确高效地切割任意复杂图形；同时，系统内置功率检测、ALPS 激光器净化智能系统和脉冲能量恒定模式，以确保加工功率稳定、热效应小、出光光束质量好。

GR-UV600S 型紫外激光切割机采用高精度的直线电动机加工平台并搭载独特的光路系统，使聚焦光斑小、功率分布均匀、切割宽度小，从而保证更高的切割质量，广泛应用于 FPC/PCB 分板、外形切割、覆盖膜切割。

7.2.2　紫外激光切割机操作方法

精密紫外激光切割机的主要技术参数如表 7-1 所示。

表 7-1　精密紫外激光切割机主要技术参数(示例)

主要技术参数	机型	
	HYM-UV10HA-4600	HYM-GR30HA-4600
激光器类型	355 nm,12 W 激光器	532 nm,30 W 激光器
激光单次最大工作范围	50 mm×50 mm	50 mm×50 mm
激光最小聚集光斑	20 μm	40 μm
激光加工最大工作范围	420 mm×420 mm,任意自由拼接	
激光加工路线拼接精度	±3 μm	
激光加工速度	100~3000 mm/s,可调	
XY 平台最大移动速度	600 mm/s	
XY 平台重复定位精度	±1 μm	
XY 平台定位精度	±3 μm	
CCD 定位精度	±3 μm	
入料方式	手动	
产品冷却	空冷	
整机供电电源	5 kW,AC 220 V,50 Hz	
冷却方式	水冷	
外观尺寸	1620 mm×1350 mm×1650 mm	

紫外激光切割机一般具有如下技术特点。

(1) 高性能激光器:国际一线品牌紫外激光器,光束质量好、聚焦光斑小、切割质量高。

(2) 超高切割精度:高精度、低漂移的振镜与伺服系统平台组合,切割精度控制在微米量级。

(3) 完全自动定位:机器视觉抓取标记点定位,精度高,无须人工干预,操作简单,效率高。

(4) 图档处理方便:切割图档只需使用 AutoCAD 等处理即可使用。

(5) 废气处理系统:设有吸风系统将切割废气消除,避免对操作人员的危害及对环境的污染。

(6) 激光防护系统:符合工业标准的激光防护结构,保证操作人员安全。

(7) 光路优化设计:经过严格设计并优化的光路,能极大提高切割效率,比同类机型快30％以上。

(8) 简单易学的软件:独立开发的控制软件,界面美观,功能强大多样,操作简单方便。

(9) 自动化程度高:自动校正、自动调焦、自动聚焦、自动对位。

图 7-3 所示为 Hymson 紫外激光切割机实物。

下面以该紫外激光切割机为例说明其使用方法。

图 7-3 Hymson 紫外激光切割机

1. 开机

（1）开紧急停止、钥匙开关，开电源。如果不能正常通电，请检查电源总开关、主机总开关、稳压器开关和紧急停止按钮等，如图 7-4 所示。

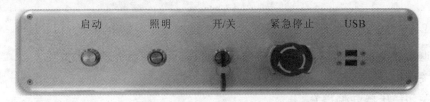

图 7-4 切割机主体各功能按钮

（2）计算机开启后在机台左下方打开激光器电源开关，再打开钥匙开关，如图 7-5 所示。打开钥匙开关后要等约 2 min。

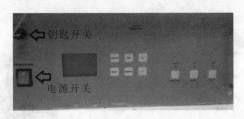

图 7-5 电源开关和钥匙开关

（3）连续按两次"MENU"，此时光标位于第一个"I SET"选项处。初始电流一般未设置到最高电流值，按激光器控制箱上的"＋"将电流值调到 43 A（不得超过该值，否则会对激光器寿命等产生影响）。再按"EXIT"退出，此时开机操作结束。

2. 开机后的操作

（1）打开 APT MicroCut 切割软件（该过程需要 1 min 左右），选择相应的用户名登录进入软件（本书以打样组"Proofer"为例进行讲解），如图 7-6 所示。

（2）通电后第一次进入系统，会在出现系统提示后强制进行回零操作，所以在出现相关的提示时请先检查平台上是否有异物，以免影响平台的回零，并点击"确定"完成回零操作，如图 7-7 所示。

图 7-6　登录界面

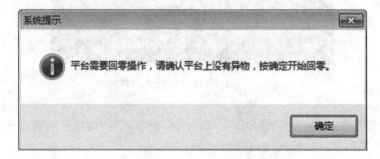

图 7-7　系统提示

3. 关机

（1）退出软件，关闭计算机，关闭激光器钥匙开关，关闭激光器电源开关。

（2）关闭机台钥匙开关，按下紧急停止按钮。

（3）关闭稳压器电源开关。

4. APT MicroCut 软件简介

打开软件，登录 Proofer 账户后，用户将看到如图 7-8 所示的 APT MicroCut 软件操作界面。

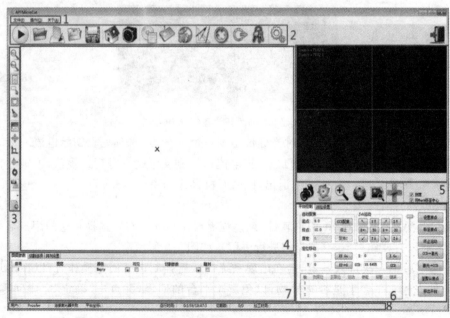

图 7-8　软件操作界面

如图所示,1 区为软件菜单栏;2 区为软件工具栏;3 区为图档工具栏;4 区为图档显示区;5 区为 CCD 显像区和对应的工具栏;6 区分为平台控制面板和对位设置面板;7 区分为图层参数面板、切割选项面板和阵列设置面板;8 区为状态栏。

1) 软件快捷键介绍

单击"操作"菜单,在下拉列表中对应各功能项右边有相应的快捷键显示,当输入焦点在主窗体上时有效。快捷键如下。

F5:开始/停止切割。

F6:Mark 自动对位。

F3:抽风吸附。

F4:显示切割参数窗体。

Ctrl+H:回零。

Ctrl+Shift+O:设置原点。

Ctrl+O:移至原点。

Ctrl+A:图档进入显示模式。

Ctrl+S:图档进入选择模式。

Ctrl+D:清除选择。

F10:提高平滑移动的速度。

F9:降低平滑移动的速度。

F8:提高 CCD 光源的亮度。

F7:降低 CCD 光源的亮度。

Shift+方向键:步进移动平台,在各个界面下都有效。

Ctrl+方向键:平滑移动平台,当输入焦点在平台控制面板上时有效。

2) 控制平台运动

利用软件主界面右下角的"平台控制"面板(见图 7-9)可进行平台的运动控制。

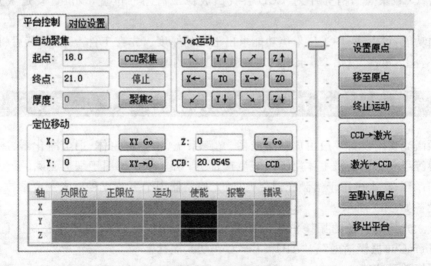

图 7-9 "平台控制"面板

(1) Jog 运动:单击面板上的方向按钮,可以控制平台的平滑运动,速度可通过上下拖动滑块进行调节。在单击过面板上的方向键后也可以用键盘上的 Ctrl+方向键控制平台的平滑运动。用键盘上的 Shift＋方向键可以控制平台的步进运动,步长可以通过上下拖动滑块进行调节。滑块也可以通过 F9、F10 调节:F9 表示降低,F10 表示升高。

(2) 定位移动:根据设置的原点,可以通过输入 X、Y 坐标准确定位平台(在打样测试时较常用到)。

(3) CCD→激光:将 CCD 移到激光所在的位置。

(4) 激光→CCD:将激光移到 CCD 所在的位置。

(5) 移出平台:将平台移出到方便取放工件的位置(该位置可以由设备管理员在"设置"→"其他设置"中进行设置)。

3) 确认切割高度

将 CCD 视野移到需要切割的面上(根据需要确认是否打开平台吸附),单击 Z 轴的升降按钮,以大致确认 CCD 拍摄的内容在清晰的高度范围内。

根据这时的 Z 坐标值,上下浮动共 3 mm,输入"自动聚焦"的起点和终点处,如图 7-10 所示。

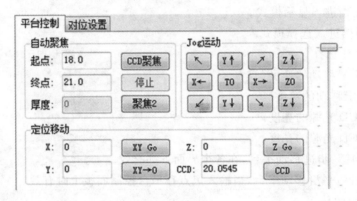

图 7-10　确认切割高度

单击"CCD 聚焦",稍等片刻,CCD 会找出成像最清晰的位置,该位置就是激光的加工高度。

附加功能:可以通过 CCD 聚焦功能求出工件的厚度。先在工件上聚焦,然后将 CCD 视野移到平台上,单击"聚焦 2",求出的厚度就是工件的厚度。

7.3　皮秒激光切割介绍

皮秒激光切割设备一般由皮秒激光器、光路系统、切割机主体、烟尘净化器、冷水机、激光控制器等组成。切割机主体用于加工生产部分;烟尘净化器用于烟尘去除、平台吸附、烟尘净化和循环;冷水机用于给激光器降温;激光控制器用于更改皮秒激光主要参数。皮秒激光切割设备如 7-11 所示。

皮秒激光切割设备的振镜消融功能和切割裂片功能通过两套软件控制执行,分别是"APT MicroCut 振镜消融"和"APT MicroCut 切割裂片"。

1. 振镜消融功能

主要由软件"APT MicroCut 振镜消融"控制皮秒激光器光束通过振镜控制做 X/Y 向移动,经过远心透镜后聚焦到加工工件表面,再由上位机软件控制光束在加工工件表面做各种图形的加工。加工速度为 $0\sim3000$ mm/s,可调。

图 7-11 皮秒激光切割设备

2. 切割裂片功能

主要通过软件"APT MicroCut 切割裂片"控制皮秒激光器光束经过激光成丝切割头聚焦在材料上穿孔,配合 X/Y 高速平台以最高可达 300 mm/s 的速度移动,形成所需的切割线。然后利用皮秒激光器对切割线进行加热,通过热胀冷缩的原理使加工工件与废料实现快速分离,分离后加工工件崩边尺寸小于 5 μm。

3. 两种功能的切换

在 PC 端用软件控制,通过单轴机械手实现自动切换,即当使用振镜消融功能时,切割裂片功能自动关闭,切割头不出光,反之亦然。

7.4 项目实训——激光切割综合实训

实训过程及要求如下。

(1)检查各种警示标记是否存在。

(2)检查外光路是否洁净,密封罩是否可靠。

(3)测试运动轴到极限时是否报警。

(4)检查工作时排气管的启动和关闭是否正常。

(5)检查喷嘴,保证喷嘴无破损和金属渣黏结。

(6)检查机器是否有损伤,仪表指示是否正常。

(7)检查指示灯是否有异常。

(8)检查冷却水温度。

(9)清洁、更换工作台的连接轴,保持干净。

(10)检查镜片是否有污物,及时清洁或更换。

(11)检查传感器功能是否正常。

(12)检查储气罐、空压机、冷干机等。

激光加工的安全防护装备及措施包括激光防护眼镜、防护服、除尘除烟以及废气的处理等。

紫外激光切割机的开关机顺序及注意事项如下。

（1）开机前请检查地线连接、水箱注水、工作台水平、皮带加固的解除、数据线连接、工作场地环境相关指数、激光管有无破损、进出水连接、吹气回路、排烟回路、供电波动及回路等情况。

（2）打开总电源开关。

（3）使用焦距调整规，根据加工材料的厚度调好聚焦镜上下位置。

（4）打开扫描开关和激光电源开关，并确认激光管冷却水工作正常，出水管出水正常。

（5）当使用手动激光功率控制时，按"测试"并调节激光功率旋钮使激光输出至合适值。（注意此时有激光输出。）

（6）打开计算机，进入工作软件，调入所需加工的切割图形文件，设置相应的运行参数。

（7）根据需要将加工材料放至适当位置，可通过软件或键盘上的方向键对加工范围、位置进行调整。

（8）打开排风和吹气开关。

（9）操作软件，进行激光切割加工。

（10）加工完毕，依次关掉排风、吹气、激光电源、扫描、总电源等开关。

任务1：用紫外激光切割机切割 FPC 软板。

（1）紫外激光切割机的操作。

① 开关机操作顺序及注意事项；

② 加工工艺流程；

③ 分析激光切割可行性；

④ 切割软件操作；

⑤ 焦点调节；

⑥ 切割工艺参数调节；

⑦ 切割质量检验。

（2）切割图形编程及处理。

（3）激光切割加工工艺实训。切割材料一批，如覆盖膜、蓝宝石等材料，样品造型可参考图 7-12 和图 7-13；记录紫外激光切割工艺参数，可参考表 7-2。

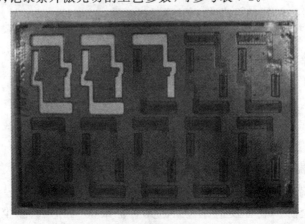

图 7-12　FPC 软板切割

<table>
<tr><td>鼠</td><td>牛</td><td>虎</td><td>兔</td></tr>
</table>

鼠	牛	虎	兔
龙	蛇	马	羊
猴	鸡	狗	猪

图 7-13 十二生肖图样

表 7-2 紫外激光切割工艺参数表

材料名称	激光功率水平/%	激光频率/kHz	加工速度/(mm/s)	空跑速度/(mm/s)	重复次数	Z轴是否自动调整
蓝宝石1	95	50	250	3000	20	否
蓝宝石2	95	50	200	3000	15	否
覆盖膜	95	150	50	1500	30	是

任务 2:用皮秒激光切割设备切割脆性材料。

(1)皮秒激光切割设备的操作。

① 开关机操作顺序及注意事项;

② 加工工艺流程;

③ 分析激光切割可行性;

④ 切割软件操作;

⑤ 焦点调节;

⑥ 切割工艺参数调节;

⑦ 切割质量检验。

(2)切割图形编程及处理。

(3)皮秒激光切割加工工艺实训。切割材料一批,如玻璃、陶瓷等材料,如图 7-14 所示;记录皮秒激光切割工艺参数。

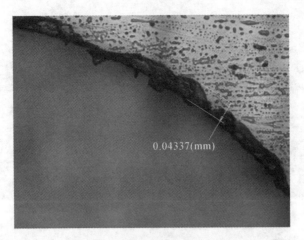

0.04337(mm)

图 7-14　玻璃等脆性材料切割

7.5　项目小结与思考题

1. 项目小结

（1）激光与材料相互作用的物理过程十分复杂，涉及激光物理、传热学、等离子体物理、非线性光学、热力学、气体动力学、流体力学、固体材料的光学特性等。

（2）采用紫外激光作用于高分子材料时，若光子能量高于材料的某些化学键能，则激光光子可以使材料的化学键直接断裂，产生以光化学作用为主的"冷"加工过程。

（3）在皮秒环境下，晶格温度的保持时间远小于电子温度的保持时间，能量转移至晶格中，导致电子冷却。晶格在被激光照射后所能达到的温度又能由电子冷却时间决定。在此条件下的激光切割都伴有电子热传导和金属内部熔融区的形成。

2. 思考题

（1）简述紫外激光切割、皮秒激光切割原理。

（2）简述紫外激光切割设备的基本结构。

（3）简述皮秒激光切割设备的基本结构。

（4）紫外激光切割、皮秒激光切割的工艺参数分别有哪些？

（5）简述紫外激光切割的操作步骤。

（6）简述皮秒激光切割的操作步骤。

项目 8

激光应用——激光雕刻

项目任务要求与目标

● 掌握激光雕刻的基本知识；
● 了解激光雕刻设备的基本结构；
● 掌握非金属材料激光雕刻工艺；
● 掌握激光雕刻机操作。

8.1 激光雕刻概述

激光雕刻(laser engraving)技术是利用工件材料在激光照射下瞬间熔化和汽化的物理特性，从工件表面切除部分材料，雕刻所需要的图像、文字的技术。激光雕刻时，设备与材料表面没有接触，材料不受机械运动影响，表面不会变形，不受材料的弹性、韧性影响。激光雕刻适用于软质材料。

点阵雕刻酷似高清晰度的点阵打印。激光头左右摆动，每次雕刻出一条由一系列点组成的线，然后激光头同时上下移动雕刻出多条线，最后构成完整的图像或文字。扫描的图形、文字及矢量化图文都可使用点阵雕刻。

激光雕刻工艺参数如表 8-1 所示。

表 8-1　激光雕刻工艺参数

工艺参数	参数说明
激光功率及波长	激光功率直接决定雕刻能力；材料吸收的激光能量与激光功率相关，一般认为材料吸收的激光能量＝激光功率/雕刻速度；激光波长决定适用的雕刻材料种类
雕刻速度	雕刻速度指的是激光头移动的速度，通常单位为 mm/s，高速度带来高的生产效率。雕刻速度也用于控制雕刻的深度，对于特定的激光强度，雕刻速度越慢，雕刻的深度就越深。可利用雕刻机面板调节雕刻速度，也可利用计算机的打印驱动程序来调节
材料	非金属材料(CO_2 激光器)：有机玻璃、木材、皮革、布料、塑料、印刷用胶皮板、双色板、玻璃、合成水晶、牛角、纸板、密度板、大理石、玉石等。 金属材料(YAG 激光器)：常见金属材料
雕刻强度	指入射到材料表面的激光强度。对于特定的雕刻速度，雕刻强度越大，雕刻的深度就越深。可利用雕刻机面板调节雕刻强度。雕刻强度越大，相当于雕刻速度也越大

激光雕刻技术多应用于木材、亚克力、石材等材料。常用的激光雕刻材料如表 8-2 所示。

表 8-2　常用激光雕刻材料

材料种类	材料要求及雕刻效果
原木、胶合板	木材的雕刻深度一般不深,在 5 mm 以内,这是因为激光的功率较小,如放慢速度雕刻会使木材燃烧
亚克力（一种有机玻璃）	亚克力是仅次于木材的最常用的雕刻材料,它很容易被切割和雕刻,有各种各样的形状和大小。激光雕刻主要应用于用浇铸方式生产的有机玻璃,因为它在激光雕刻后产生的霜化效果非常强烈,与原来透明的质感产生鲜明对比
玻璃	雕刻深度不深且不能切割。一般情况下激光可以在玻璃表面形成霜化或破碎效果
镀漆铜板	一种表面附着一层特殊漆膜的镀漆铜板。激光可以使其表面的漆膜完全汽化,而后露出底层铜板。通常会在镀漆前将铜板抛光或做特殊处理,以使雕刻后露出的区域有足够的光洁度,且能保存很长时间

激光雕刻的优点如下。

(1) 范围广泛:CO_2 激光器几乎可对任何非金属材料进行雕刻加工。

(2) 安全可靠:采用非接触式加工,不会对材料造成机械挤压或产生机械应力;没有“刀痕”,不伤害加工工件的表面,不会使材料变形。

(3) 精确细致:加工精度可达 0.02 mm。

(4) 节约环保:光束和光斑直径小,一般小于 0.5 mm,节省材料,安全卫生。

(5) 效果好:保证同一批次的加工效果完全一致。

(6) 高速快捷:可立即根据计算机输出的图样进行高速雕刻。

激光雕刻机与激光打标机的区别如表 8-3 所示。

表 8-3　激光雕刻机与激光打标机的区别

比较项目	激光雕刻机	激光打标机
工作幅面	采用激光聚焦镜头,用激光代替刀具进行加工,所以只要 X、Y、Z 方向尺寸够大,加工幅面就够大。不过精度及加工效率受机械影响很大。另外由于没有振镜,聚焦镜头等光路系统比较容易冷却,因此激光功率输出也不受限制	常用的是振镜扫描,所以工作幅面比较小
加工速度	相对较慢	比较快
加工深度	可以在大的行程尺寸范围内雕刻,深度远远超过激光打标机	相对较浅

8.2　激光雕刻设备介绍及操作

8.2.1　激光雕刻设备的介绍

1. 激光雕刻设备分类

按照激光器、加工幅面、功率和加工速度等不同分类依据,激光雕刻设备可分为很多种类。按照激光器,其可以分为CO_2型和YAG型。不同的激光器发出的激光波长不同,能雕刻不同的材料。按照加工幅面,其可以分为小幅面激光雕刻设备和大幅面激光雕刻设备。小幅面激光雕刻设备有600 mm×600 mm和600 mm×900 mm等类型,进料宽度是700 mm。雕刻双色板是小幅面雕刻设备最基本的应用。大幅面雕刻设备有1200 mm×1200 mm、200 mm×1500 mm、1500 mm×2400 mm、2400 mm×3000 mm等类型。

激光雕刻设备一般由激光器、冷却系统、主轴电动机、工作台、电源系统、控制系统等组成。

2. CO_2激光雕刻设备

CO_2激光雕刻设备广泛应用于非金属材料(如亚克力、皮革、布等)雕刻加工。CO_2激光雕刻设备一般采用玻璃管CO_2激光器作为工作光源,由计算机控制的二维工作平台能按预先设定的图形轨迹做各种精确运动。CO_2激光雕刻设备集激光、自动控制、精密机械、计算机控制软件等技术于一体,具有科技含量高、性能价格比高的特点,适用于橡胶板、有机板、塑料板、亚克力板、双色板、胶合板、木板、大理石、瓷砖、防火板、绝缘板、纸板、皮革、砂布、砂纸等非金属材料。

CO_2激光雕刻设备在光学系统、控制系统上拥有一流的核心技术,其运行速度、切割精度已接近国外同类产品的性能,具有极高的实用性。激光雕刻系统主要由三部分组成:高能量的激光、激光传输系统、光学系统。通过调节焦距,可调节单位面积上的能量。设备特点如下。

(1)采用CO_2激光器作为设备的工作光源,根据电流调节出光功率,其调节范围可以满足切割不同材料厚度的需要。利用其优异的加工性能,采用非接触式加工方法,完全不会损伤加工工件,使加工质量得到极大的提高。

(2)二维工作台是采用步进电动机驱动的双层结构,通过17位旋转编码器实现高精度运动控制,系统分辨率可达0.02 mm。配合进口直线导轨,确保激光精确、平稳,能长期稳定可靠地工作。

(3)采用半飞行光路系统,加工幅面大;同时设备三面均采用开口设计方式,方便上料。

(4)支持各种通用图形软件生成的PLT、BMP(1位)、DXF文件格式,可制作各种图形、文字,图文丰富、规范。

(5)采用目前国际流行的模块化电气设计方案,系列产品电气模块均可通用。整机具有连续工作稳定性好、加工速度快、定位精度高、操作维护简单方便等优点。

(6)采用专用激光雕刻软件,功能丰富,人机界面友好,操作简捷。

(7)采用矢量与点阵混合工作模式,可以在同一版面上完成雕刻工作。

设备工作原理如下。

激光电源产生瞬间高压激发激光器内部的CO_2气体,激发的粒子流在激光谐振腔中产生振荡,并输出连续激光。计算机雕刻程序一方面控制工作台做相应运动,另一方面控制激光输出。输出的激光经反射、聚焦后,在非金属材料表面形成高密度光斑,使加工材料表面瞬间汽化,然后由辅助气体吹除汽化后的等离子物形成切缝,从而实现激光雕刻的目的。

CO_2激光雕刻设备的技术参数如表8-4所示。

表 8-4　CO_2 激光雕刻设备技术参数

技术参数	参数说明
激光波长	10.64 μm
激光器	分离式 CO_2 激光器
工作幅面	1300 mm×900 mm
冷却水温度	5～30 ℃
工作电源	220 V,50 Hz,2 kW
定位精度	<0.01 mm
雕刻速度	≤500 mm/s
激光最大输出功率	80 W
激光能量调节	0～100%,手动/自动
冷却方式	循环水冷
分辨率	0.025 mm
支持图形格式	BMP、HPGL(PLT)、JPEG、GIF、TIFF、PCS、TGA、DST、DXP

8.2.2　激光雕刻设备的操作

CO_2 激光雕刻切割一体实训系统由操作面板、电控柜、激光器、工件操作平台、恒温水冷机、负压吸尘风机等部分组成,如图 8-1 所示。

图 8-1　CO_2 激光雕刻切割一体实训系统

1. 开机

开机过程主要在主操作控制台上完成,操作步骤如下。

（1）打开设备开关(红色)。

（2）按下"WATER/水冷"按钮,持续约 5 s 后制冷水箱启动,约 10 s 后"WATER/制冷"指示灯亮,此时方可松开按钮。

（3）检查制冷水箱启动后水管是否弯折、制冷水箱面板显示是否正常、有无报警显示和蜂鸣声。

（4）开启计算机,双击软件图标进入激光雕刻软件。

（5）打开激光电源开关(绿色)。

（6）启动负压吸尘风机。

2. 激光雕刻设备触摸式控制面板

激光雕刻设备触摸式控制面板如图 8-2 所示。

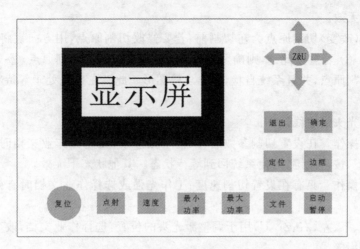

图 8-2 激光雕刻设备触摸式控制面板

激光雕刻设备触摸式控制面板上共有 16 个功能键,一个液晶显示屏。16 个功能键分别为:复位、点射、速度、最小功率、最大功率、文件、启动暂停、定位、边框、退出、确定、上(方向箭头)、下(方向箭头)、左(方向箭头)、右(方向箭头)、Z&U。液晶显示屏上显示文档名或系统工作参数(如系统切割速度、工作光强)以及系统工作状态(如初始化、等待、工作、暂停)等。

1) 术语说明

机械原点:位于工作台的右上方,设备每次通电或复位,都要先回到此位置。

切割原点:操作人员设定的一点,为设备切割的起始位置。每次通电或复位后,激光头先回到机械原点,再运动到操作人员最新定义的切割原点。若在参数设置中,设置归位点为机械原点,则设备作业完毕或执行复位操作后,激光头会停留在机械原点。

上:操作人员面向工作台,横梁远离操作人员移动的方向(也可定义为"前")。

下:操作人员面向工作台,横梁朝着操作人员移动的方向(也可定义为"后")。

左:操作人员面向工作台,操作人员左手的方向。

右:操作人员面向工作台,操作人员右手的方向。

2) 各功能键说明

复位:让激光头回到机械原点。此键只有在系统处于等待或暂停状态下有效,其他状态下无效。

点射:启动设备后,每按下此键一次,激光管发光一次。按住此键不放,激光管最长出光 0.5 s。此键只有在系统处于等待或暂停状态下有效,其他状态下无效。

速度:设置系统切割速度,0～100% 之间可选。100% 对应于参数中的极限速度。此键在系统处于等待或暂停状态下效,其他状态下无效。

最小功率:设置最小功率,0～100% 之间可选。此键在系统处于等待或暂停状态下有效,其他状态下无效。

最大功率:设置最大功率,0～100% 之间可选。此键在系统处于等待或暂停状态下有效,其他状态下无效。

文件:查看和操作载入运行的文件。

启动暂停:在启动和暂停之间切换。当系统处于工作状态时,按下此键,系统进入暂停状态,若再次按下此键,系统又重新回到工作状态。此键在系统处于工作或暂停状态下有效,其他状态下无效。

定位:定义(改变)切割原点。在切割前,若要修改切割原点,用方向键将激光头移到切割的起始位置。① 若短按此键,则确定激光头当前所在位置为切割原点;② 若长按此键 3 s 以上,则确定切割原点,并且系统自检,画出自检图形。此键在系统处于等待状态下有效,其他状态下无效。

边框:使激光头沿边线运动。

退出:取消操作。在设置切割参数时,取消所做修改;在选择作业文档时,取消选择;系统在暂停状态下,按下此键,可使系统回到等待状态。其他状态下无效。

确定:确定操作。只有在设置切割速度、工作光强或选择作业文档时有效,其他状态下无效。

方向键(上、下、左、右、Z&U)用于调整激光头的位置,选择作业文档,改变切割速度,改变最小/最大功率等。

Z&U:调节 X 及 Y 方向的运动。

左:向左移动激光头。按住此键,激光头会向左移动,当激光头到达 X 轴最大行程时,激光头停止移动,此键将无效。(X 轴最大行程可在设置参数时设定,受限于工作台幅面。)设置系统切割速度和工作光强时,每按一次,使速度和光强的值增加 10。选择作业文档时,此键用来显示当前文档的前一页文档。

右:向右移动激光头。按住此键,激光头会向右移动,当激光头到达 X 轴原点时,激光头停止移动,此键将无效。设置系统切割速度和工作光强时,每按一次,使速度和光强的值减小 10。选择作业文档时,此键用来显示当前文档的下一页文档。

上:向上移动激光头。一直按着此键,激光头会向上移动,当横梁到达 Y 轴原点时,激光头停止移动,此键将无效。设置系统切割速度和工作光强时,每按一次,使速度和光强的值增加 1。选择作业文档时,此键用来选择当前文档的上一个文档。

下:向下移动激光头。一直按着此键,激光头会向下移动,当横梁到达 Y 轴最大行程时,激光头停止移动,此键将无效。(Y 轴最大行程可在设置参数时设定,受限于工作台幅面。)设置系统切割速度和工作光强时,每按一次,使速度和光强的值减小 1。选择作业文档时,此键用来选择当前文档的下一个文档。

3. 关机

关机过程主要在主操作控制台上完成,操作步骤如下。

(1)关闭激光电源开关(绿色)。

(2)关闭负压吸尘风机。

(3)按下"WATER/水冷"按钮,关闭水箱。

(4)关闭计算机。

(5)关闭设备开关(红色)。

8.3 项目实训——激光雕刻综合实训

任务:(1)利用 CO_2 激光雕刻设备完成非金属材料雕刻加工,可参考图 8-3 所示的梳子造型。

(2)建立激光雕刻工艺参数,可参考表 8-5。

图 8-3　雕刻梳子

表 8-5　CO_2 激光雕刻工艺参数

材　　料	厚　　度	速度/(mm/s)	最大功率/W	扫描间隙/s
密度板	—	500	20	0.08
亚克力	—	500	15	0.08
竹子	—	500	20	0.08
胶合板	—	500	13	0.08

8.4　项目小结与思考题

1. 项目小结

(1) 激光雕刻工艺参数包括激光功率及波长、雕刻速度、雕刻精度等。

(2) 激光雕刻材料包括原木、胶合板、亚克力、玻璃等。

(3) CO_2 激光雕刻设备广泛应用于非金属材料(如亚克力、皮革、布等)的雕刻加工。

2. 思考题

(1) 简述激光雕刻原理。

(2) 简述激光雕刻设备的基本结构。

(3) 简述激光雕刻加工工艺。

(4) 简述 CO_2 激光雕刻设备操作步骤。

项目 **9**

激光应用——激光焊接技术

项目任务要求与目标
- 掌握激光焊接的基本知识；
- 掌握激光焊接产品质量检验的常用方法；
- 会操作激光焊接机及焊接简单的工件；
- 会检验焊接产品的质量。

9.1 激光焊接基本知识

焊接是通过适当的物理、化学过程使两个分离的固态物体产生原子(分子)间结合力而连接成一体的连接方法。

焊接在现代工业生产中具有十分重要的作用,广泛应用于机械制造中的毛坯生产、制造各种金属结构件、修复焊补等,如高炉炉壳、建筑构架、锅炉与压力容器、汽车车身、桥梁、矿山机械、大型转子轴、缸体等。

1. 焊接的分类

焊接分类如图 9-1 所示。

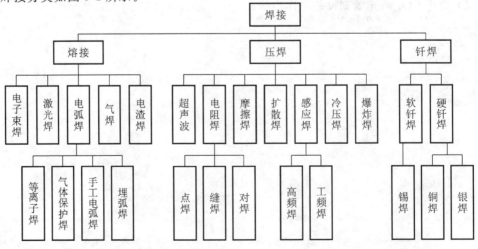

图 9-1 焊接分类

2. 几种常见的焊接方式

（1）电阻焊：用来焊接薄金属件，在两个电极间夹紧被焊工件，通过大的电流熔化与电极接触的表面，即通过工件电阻发热来实施焊接。工件易变形。激光焊接只从单边进行。

（2）氩弧焊：使用非消耗电极与保护气体，常用来焊接薄工件，但焊接速度较慢，且热输入比激光焊接大很多，易产生变形。

（3）等离子弧焊：与氩弧焊类似，但其焊炬会产生压缩电弧，以提高弧温和能量密度。它比氩弧焊速度快、熔深大，但逊于激光焊接。

（4）电子束焊：高能密度电子流撞击工件，在工件表面很小面积内产生巨大的热，形成"小孔"效应，从而实施深熔焊接。主要缺点是需要高真空环境以防止电子散射，设备复杂，焊件尺寸和形状受到真空室的限制。

3. 激光焊接的应用

激光焊接（laser welding）是以高功率聚焦的激光束为热源，用激光束熔化材料来实现材料的连接，形成焊接接头的高精度、高效率焊接方法。近年来，高功率、高质量光束激光器的发展，使得激光焊接成为工业应用关注的焦点。激光焊接主要用于焊接薄壁材料和低速焊接，焊接过程属热传导型，即激光辐射加热工件表面，表面热量通过热传导向内部扩散，通过控制激光脉冲的宽度、能量、峰值功率和重复频率等参数，使工件熔化，形成特定的熔池。由于其独特的优点，激光焊接现已成功应用于微、小型零件的精密焊接。利用激光焊接技术还可实现船体（包括军舰、潜艇）的精密切割和焊接，实现船舶的高效、高精度制造。激光焊接技术在汽车中的应用，已经成为评价汽车档次的关键因素。图 9-2 所示是典型的激光焊接设备及焊接应用。图 9-3 所示是激光焊接在汽车工业中的应用。图 9-4 所示是电池激光焊接。图 9-5 所示为带可视 CCD 的激光焊接系统。

图 9-2　典型激光焊接设备及焊接应用

图 9-3　激光焊接在汽车工业中的应用

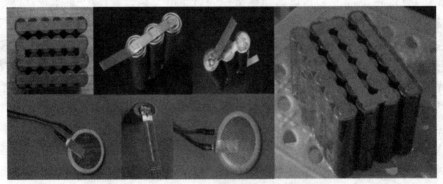

图 9-4　电池激光焊接

图 9-5　带可视 CCD 的激光焊接系统

4. 激光焊接的主要特点如下。

（1）能量密度高，焊缝深宽比大，工件变形小。

（2）能量控制精确，可实现精密焊接，还可实现薄板无变形焊接和厚板高速焊接。

（3）焊接效率高，成本低（全负荷下）。

（4）不用填丝（多数情况下），节约成本，工序简单，无须清理焊缝。

（5）热影响区小，可以焊接热敏材料，提高接头性能。

（6）在磁场下光束不偏摆，工艺稳定性好。

（7）几乎无污染，只与气体保护状态有关。

（8）材料可焊性范围大。

（9）易于实现自动化。

（10）能够实现分时加工。

5. 复合焊接

单纯激光焊接存在以下问题：铝合金等高反射率材料的焊接存在相当大的难度；焊接冶金缺陷多，接头韧度不高；装夹精度要求高。

1978年，英国Steen教授首次提出复合焊接的概念，研究表明激光-电弧复合焊接优点突出，应用前景广阔，是当前最具发展前景的激光先进焊接技术。激光-电弧复合焊接技术是指将激光热源和作为第二热源的电弧复合起来作用在同一熔池上，弥补单热源焊接工艺的不足。电弧提高了焊缝的搭桥能力，增强了激光对工件装配误差变化的适应性；通过电弧对工件的预热以及电弧吹力等作用，加大焊接熔深，增强高反射率材料如铝、镁合金等对激光的吸收；另外，激光束可稳定电弧，减小飞溅，改善焊缝成形。激光-电弧复合焊接如图9-6所示。

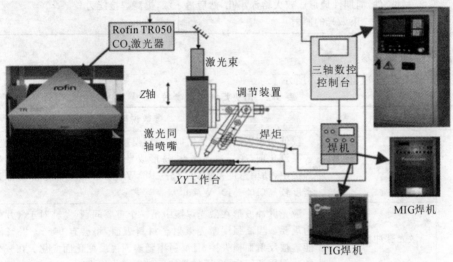

图9-6 激光-电弧复合焊接

激光复合焊接种类及其特点如表9-1所示。

表9-1 激光复合焊接种类及其特点

复合焊接种类	焊接方法或原理	特 点
高频感应复合焊接	高频感应复合焊接是一种依赖于工件内部产生的涡流电阻热进行加热的焊接方法，其加热方式与激光一样属非接触性环保型加热	加热速度快，可实现加热区域和深度的精确控制。特别适用于自动化材料加工过程
激光-电弧复合焊接	激光-电弧复合焊接是指将激光热源和作为第二热源的电弧复合起来作用在同一熔池上，弥补单热源焊接工艺的不足	弥补单热源焊接工艺的不足
激光-TIG电弧复合焊接	激光与TIG电弧复合，使熔深显著提高	（1）利用电弧增强激光作用，可用小功率激光器代替大功率激光器焊接金属材料；（2）在焊接薄件时可高速焊接；（3）可增加熔深，改善焊缝成形，获得优质焊接接头

续表

复合焊接种类	焊接方法或原理	特　　点
激光-等离子弧复合焊接	激光与等离子弧复合,采用同轴方式,等离子弧由环状电极产生,激光束从等离子弧中间穿过	提高焊接速度,进而提高整个焊接过程的效率;等离子弧环绕在激光周围,可以产生热处理的效果,延长冷却时间,改善焊缝的微观组织性能
MIG 复合焊接	在激光与电弧的相互作用下,焊接过程变得更加稳定,而且在增加熔深的同时提高焊接速度。焊接时热输入相对较小,焊后变形和焊接残余应力较小,这样可以减少焊接装夹、定位、焊后矫形等处理时间	改善焊缝成形;输入的电弧能量能够调节冷却速度,进而改善微观组织
双激光束焊接	用一束较高的脉冲激光和一束连续激光,或者两束有较大差异的脉冲激光对工件进行复合焊接。在焊接过程中,两束激光共同照射工件,周期性地形成较大熔深小孔,然后适时停止一束激光的照射	可使等离子体云很小或消失,改善工件对激光能量的吸收与利用,加大焊接熔深,提高焊接能力

6. 激光焊接工艺参数

激光焊接工艺参数如表 9-2 所示。

表 9-2　激光焊接工艺参数

工艺参数		参数说明
激光	激光功率	较低功率密度激光照射时,表层温度达到沸点需要经历数毫秒,在表层汽化前,底层达到熔点,易形成良好的熔融焊接。在传导型激光焊接中,功率密度范围为 $10^4 \sim 10^6$ W/cm²。激光深熔焊的激光功率密度较高($10^6 \sim 10^7$ W/cm²)
	激光脉冲波形	激光脉冲波形在激光焊接中是一个重要问题,尤其对于薄片焊接更为重要。当高强度激光束射至材料表面,将会有 $60\% \sim 98\%$ 的激光能量被反射而损失掉,且反射率随表面温度变化而变化。在一个激光脉冲作用期间内,金属材料的反射率变化很大
	脉宽	脉宽是脉冲激光焊接的重要参数之一,它既是区别于材料去除和材料熔化的重要参数,也是决定焊接设备价格的关键参数
焊接	焊接速度	其他参数都相同的情况下,增加激光功率可以提高焊接速度,增大焊接熔深
离焦量	离焦方式有两种:正离焦与负离焦	焦平面位于工件上方为正离焦,反之为负离焦。按几何光学理论,当正负离焦平面与焊接平面距离相等时,所对应平面上功率密度近似相同,但实际上所获得的熔池形状不同。负离焦时,可获得更大的熔深,这与熔池的形成过程有关。当要求熔深较大时,采用负离焦;焊接薄材料时,宜用正离焦
材料	碳钢、不锈钢、铜铝及其合金、钛及其合金、非金属塑料等	材料特性(吸收率、反射率、热导率、熔化温度),材料厚度,表面状态
保护气体	常使用氦、氩、氮等气体	激光焊接过程常使用惰性气体来保护熔池,当某些材料焊接可不计较表面氧化时也可不考虑保护,但对大多数应用场合则常使用氦、氩、氮等气体作保护,使工件在焊接过程中免受氧化

9.2　激光焊接的原理

激光焊接的分类有如下几种。

按焊接特性分：热传导焊、深熔焊。

按光束特性分：脉冲激光焊、连续激光焊。

按工艺方法分：片与片的焊接、丝与丝的焊接、金属丝与块状元件的焊接、不同块的组焊及密封焊、块状物件补焊，如表9-3所示。（也可以分为纯激光焊、激光填丝焊、激光钎焊、双光束激光焊、激光复合焊等。）

表 9-3　激光焊接按照工艺方法分类

焊接方式	焊接方法	常见焊接设备
片与片的焊接	包括对焊、端焊、中心穿透熔化焊、中心穿孔熔化焊等4种方法	氙灯泵浦 Nd：YAG 激光器：AHL-W200、AHL-W400。光纤激光焊接机：AHL-FW200、AHL-FW400
丝与丝的焊接	包括对焊、交叉焊、平行搭焊、T形焊等4种方法	氙灯泵浦 Nd：YAG 激光器：AHL-W200、AHL-W400。光纤激光焊接机：AHL-FW200、AHL-FW400。激光点焊机（氙灯泵浦 Nd：YAG 激光器）：AHL-W75、AHL-W90。激光模具烧焊机（氙灯泵浦 Nd：YAG 激光器）：AHL-W120、AHL-W180
金属丝与块状元件的焊接	采用激光焊接可以成功实现金属丝与块状元件的连接，块状元件的尺寸可以任意。在焊接中应注意丝状元件的几何尺寸	激光点焊机（氙灯泵浦 Nd：YAG 激光器）：AHL-W75、AHL-W90。激光模具烧焊机（氙灯泵浦 Nd：YAG 激光器）：AHL-W120、AHL-W180
不同块的组焊及密封焊	在组件物体缝上进行密封焊接及组焊，如传感器等	激光通用焊接机（氙灯泵浦 Nd：YAG 激光器）：AHL-W200、AHL-W400。光纤激光焊接机：AHL-FW200、AHL-FW400。激光模具烧焊机（氙灯泵浦 Nd：YAG 激光器）：AHL-W180、AHL-W180
块状物件补焊	采用激光将焊丝熔化沉积到基材上。一般适合模具等产品的修补	激光模具烧焊机（氙灯泵浦 Nd：YAG 激光器）：AHL-W120、AHL-W180。激光点焊机（氙灯泵浦 Nd：YAG 激光器）：AHL-W75、AHL-W90

激光热传导焊所用激光的功率密度较低（$10^5 \sim 10^6$ W/cm²），工件吸收激光后，仅表面熔化，然后依靠热传导向工件内部传递热量形成熔池。这种焊接模式熔深浅，深宽比较小。激光深熔焊所用激光的功率密度较高（$10^6 \sim 10^7$ W/cm²），工件吸收激光后迅速熔化乃至汽化，熔化的金属在蒸气压力作用下形成小孔，激光束可直照孔底，使小孔不断延伸，直至小孔内的蒸气压力与液态材料的表面张力和重力平衡为止。小孔随着激光束沿焊接方向移动时，小孔前方熔化的材料绕过小孔流向后方，凝固后形成焊缝。这种焊接模式熔深大，深宽比也大。在机械制造领域，除了一些微薄零件之外，一般应选用激光深熔焊。

激光深熔焊过程产生的蒸气和保护气体，在激光作用下发生电离，从而在小孔内部和上方形成等离子体。等离子体对激光有吸收、折射和散射作用，因此一般来说熔池上方的等离子体会削弱到达工件的激光能量，并影响光束的聚焦效果，对焊接质量不利。通常可辅加侧吹气驱除或削弱等离子体。小孔的形成和等离子体效应，使焊接过程中伴随着具有特征信号的声、光和电荷产生，研究它们与焊接规范及焊缝质量之间的关系，利用这些特征信号对激光焊接过程及质量进行监控，具有十分重要的理论意义和实用价值。

1. 激光热传导焊

激光辐射到材料表面的功率密度较低（$\leqslant 10^6$ W/cm²），光能量只能被材料表面吸收，然后依靠热传导效应传输热量，如图 9-7 所示。热传导焊穿透深度为

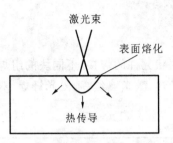

图 9-7　激光热传导焊

$$\Delta z = -\frac{1}{\alpha}\ln\frac{I}{I_0}$$

式中：Δz 为激光在材料表面的穿透深度（通常只有几十微米）；α 为材料对激光的吸收系数；I_0 为材料表面吸收的光强；I 为激光入射至 Δz 处的光强。

激光热传导焊只适合薄板激光焊接。当板材厚度小于 0.3 mm 时，激光热传导焊可以获得很高的焊接速度，有一定的工业价值；当板材厚度大于 2 mm 时，激光热传导焊的速度就太低，无法满足工业需求。

激光热传导焊时，热传导系数高的材料比热传导系数低的材料焊接速度要高得多。

2. 激光深熔焊

激光作用于金属表面，当功率密度达到 10^7 W/cm² 及以上时，可以在极短的时间内使加热区的金属熔化甚至汽化，从而在液态熔池中形成一个小孔，称为匙孔，并依靠小孔的移动形成焊缝。光束可以直接进入匙孔内部，通过匙孔传热，获得较大的焊接熔深，如图 9-8 所示。

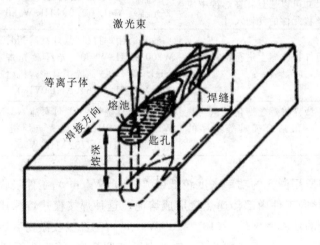

图 9-8　激光深熔焊

匙孔现象发生在金属材料熔化和汽化的临界点。气态金属产生的蒸气压力很高，足以克服液态金属的表面张力并把熔融的金属吹向四周，形成匙孔或孔穴。由于激光在匙孔内的多重反射，匙孔几乎可以吸收全部激光能量，再经内壁以热传导的方式通过熔融金属传到周围固态金属中去。当工件相对于激光束移动时，液态金属在匙孔后方流动，逐渐凝固，形成焊缝。这种焊接机制即为激光深熔焊，是激光焊接中最常用的焊接模式。

假设能量沿深度方向被非均匀吸收，匙孔模型如下：

$$T - T_0 = \frac{Q}{2\pi kg}\mathrm{e}^{\frac{vx}{2a}}K_0\left(\frac{vR}{2\alpha}\right) \tag{9-1}$$

边界条件是：

$$\begin{cases} x \to \infty \ \dfrac{\partial T}{\partial x} = 0 \\[2mm] y \to \infty \ \dfrac{\partial T}{\partial y} = 0 \\[2mm] z \to \infty \ \dfrac{\partial T}{\partial z} = 0 \\[2mm] R \to 0 - \dfrac{\partial T}{\partial R} 2\pi R k g \to Q \end{cases} \tag{9-2}$$

式中：R 为材料表面到热源的距离，是与目标表面垂直的一个分量；T 为焊接点温度；T_0 为平板初始温度；Q 为单位时间的热量输入；v 为焊接速度；g 为板材的厚度；k 为热导率；α 为热扩散系数；K_0 为第二类零阶 Bessel 函数。

给定材料的热扩散系数、热传导率、熔点是确定的，根据模型可以预测焊接需要的功率及焊接速度。与激光热传导焊比，激光深熔焊需要更高的激光功率密度，一般需要连续输出的 CO_2 激光器，激光功率在 $2000 \sim 3000$ W 的范围内。激光深熔焊过程中，激光能量通过小孔吸引而传递给被焊工件时，小孔作为一个黑体，使激光束的能量传到焊缝深部，随着小孔温度升高，孔内液态金属汽化，金属蒸气的压力使熔化的金属液体沿小孔壁移动，形成焊缝的过程与激光热传导焊明显不同。

9.3　激光焊接缺陷分析

1. 影响激光焊接性能的因素

激光焊接性能与焊接工艺、材料性能等密切相关。影响激光焊接性能的因素可分为以下几类。

（1）工艺因素：焊接前处理方式、类型、方法、厚度、层数，处理后到焊接的时间内是否加热、剪切或进行其他加工。

（2）焊接工艺的设计：焊区、布线、焊接物。

（3）焊接条件：焊接温度与时间、预热条件、加热/冷却速度、焊接加热的方式、热源载体的形式（波长、导热速度）等。

（4）焊接材料：焊剂、焊料、母材、焊膏的黏度、基板的材料。

（5）材料性能：通常包括物理性能、化学性能、力学性能和工艺性能等。

2. 焊接缺陷

焊接缺陷是指在焊接过程中产生的不符合标准要求的缺陷。GB/T 6417.1—2005《金属熔化焊接头缺欠分类及说明》将焊接缺陷分为裂纹、孔穴、夹渣、未熔合和未焊透、形状缺陷等。激光焊接缺陷分类如表 9-4 所示。

表 9-4 激光焊接缺陷分类

缺陷类型		原因	措施
裂纹	热裂纹	焊缝成形系数、焊接工艺参数及其他工艺措施不当	采用较小接头温度梯度以使熔池凝固过程承受较低的应力；接头设计应避免应力集中，减小焊缝附近的刚度；合理安排焊接顺序以降低焊接应力
	冷裂纹	沿晶开裂，穿晶开裂	采用较小接头温度梯度以使熔池凝固过程承受较低的应力；接头设计应避免应力集中，减小焊缝附近的刚度
	层状撕裂	夹杂物，热影响区的脆化，Z 向应力	合理安排焊接顺序以降低焊接应力
未焊透和未熔合	未焊透	坡口角度小、间隙小或钝边过大；双面焊时背面清根不彻底，单面焊时电弧燃烧短或坡口根部未能形成一定尺寸的熔孔	坡口尺寸应适当；选择合理的焊接电流、焊接速度；操作应熟练；单面焊（间隙 $\geqslant d$（焊条直径），钝边 $< d/2$）操作时控制电弧燃烧时间以形成大小均匀的熔池
	未熔合	线能量过小，电弧偏吹，气焊火焰对金属两侧加热不均匀，坡口面或焊缝表面有油、锈等杂质，单面焊时打底电弧引燃时间短	焊条或焊枪的倾斜角度要适当；选用稍大的电流或火焰能率；单面焊时控制打底速度；调整焊条角度，防止偏吹；清理坡口面和焊道表面
夹渣	焊接熔渣残留于焊缝中的现象（立焊或横焊比平焊易产生）	坡口角度或焊接电流过小；熔渣黏度大或操作不当；引弧或焊接时焊条成块脱落而未被充分熔化；多层焊接时层间清渣不彻底；气焊时火焰性质不适当或送丝不均匀	注意焊条质量，防止使用变质、开裂的焊条；焊接前清除坡口面及边缘锈蚀、氧化皮等杂物，层间彻底清渣；操作要熟练，焊条和焊丝送进要均匀；始终保持熔池的清晰，使熔渣与金属良好分离；适当增大焊接电流，稳定焊接速度，保证熔池存在时间，防止冷却过快
孔穴	焊接过程中，熔池中的气体在金属冷却前未能及时溢出而残留在焊缝内部或表面所形成的空穴	焊条或焊剂受潮，或未按要求烘干；焊芯或焊丝生锈或表面有油污，焊接坡口有杂质；焊接工艺参数不当；单面焊时，焊条角度不当，操作不熟练；埋弧焊电弧电压过高或网路电压波动	焊条、焊剂按要求烘干；认真清理杂质；焊接工艺参数要适宜并用短弧操作
形状缺陷	咬边、凹坑、焊瘤、弧坑、电弧擦伤、焊缝形状缺陷、冷缩孔	焊接工艺参数不当	调整焊接工艺参数

9.4 激光焊接设备的使用说明

激光焊接设备按照工作方式可以分为激光点焊机、手动激光焊接设备、自动激光焊接机、光纤激光焊接机、振镜焊接机、专用激光焊接设备等；按照激光器可以分为 YAG 激光焊接机、半导体焊接机、光纤激光焊接机等。可焊接图形有：点、直线、圆、方形或由 AutoCAD

软件绘制的任意平面图形。一般激光焊接设备的基本结构如图9-9所示。

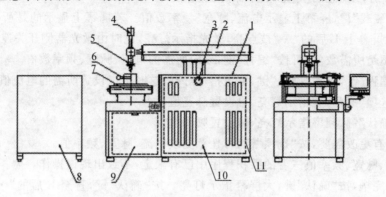

图9-9　激光焊接设备基本结构

1—主机柜；2—激光器；3—升降机构；4—CCD监视系统；5—导光聚焦系统；6—焊接夹具；
7—二维数控工作台；8—外循环系统；9—控制系统；10—激光电源；11—内循环冷却系统

9.4.1　激光焊接设备的操作

某激光焊接设备具有两个操作面板：电源面板和工作台操作面板。电源面板如图9-10所示，工作台操作面板如图9-11所示。

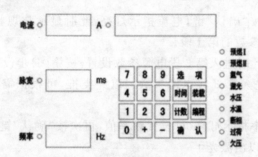

图9-10　激光焊接设备电源面板

图9-11　激光焊接设备工作台操作面板

1. 电源操作

1）开机操作

（1）接通外循环水，闭合冷却系统空气开关。

（2）接通三相交流电源，闭合主机空气开关。

（3）释放急停键，然后旋开钥匙开关，再按下开机键，此时电源面板显示灯亮，其上显示"P"。

（4）按"选项"键，大屏幕显示"ON"，再按"确认"键，电源开始自动执行充电、预燃等程序,1~2 min后,预燃显示灯亮,表示氪灯被点燃。

(5) 按"装载"键,屏幕上显示电流、脉宽、频率数值。若屏幕上显示的是所需数值,则按"确认"键,大屏幕上 L 后的"·"被点亮,激光指示灯亮,此时由激光器侧开关控制出激光。

(6) 若不是所需数值,可按"编程"键,设定所需的电流、脉宽、频率数值。

① 按"编程"键,再按"确认"键,电流指示灯亮,这时可以设置所需的电流值。

② 按"选项"键,脉宽指示灯亮,可设置脉宽值。

③ 按"确认"键,频率指示灯亮,可设置频率值。

④ 若仍有更改需要,按"选项"键,可任意更改电流、脉宽、频率值。

⑤ 电流、脉宽、频率值三者的乘积程序中已有限定,不致出现误操作。

⑥ 编程完毕,按"确认"键,大屏幕指示灯亮。按"确认"键,直至 L 后的"·"被点亮,就可以出激光了。

(7) 激光焊接设备存储器内可存储 100 组固定数据。用户可将事先试验好的各种材料的激光工艺参数按数字顺序编制成数据组存入存储器中,开机、装载后根据所焊接的材料特性,直接调用合适的数据组。例如按"5"键,则程序会自动调用第 5 组数据进行激光焊接。

(8) 激光焊接设备还可以对电源波形编程,用户可根据需要编制多段电源参数,操作步骤如下。

① 按"编程"键,再按"确认"键,电流指示灯亮,此时显示常规状态下的工作电流和脉宽,同时也是 15 段电源参数的第 1 段。

② 再按"编程"键,此时进入第 2 段电源参数设置,按第(6)步设定需要的参数。设定好后,再按"编程"键,可进入第 3 段电源参数。以此类推,可根据需要设置最多 15 段电源参数。

③ 按"确认"键,频率指示灯亮,可设置频率值,再次按"确认"键,直至 L 后的"·"被点亮,电源已做好准备,可以出激光了。

(9) 按"时间"或"计数"键,可显示整机工作时间或激光放电次数。

2) 关机操作

(1) 关闭激光键,其上指示灯熄灭。

(2) 关闭红光键,其上指示灯熄灭。

(3) 按"选项"键,直至大屏幕显示"OFF"字样。

(4) 按"确认"键,程序自动执行关机。

(5) 当预燃指示灯熄灭后,关闭钥匙开关或按急停键,使其处于关闭状态。

(6) 断开空气开关。

(7) 断开外循环水。

2. 面板操作

工作台操作面板上共有四个按键、一个急停开关、一个钥匙开关和一个十字方向操纵杆。

按下"红光"键,指示基准光点亮。

按下"照明"键,照明灯开始工作;松开后,照明灯熄灭。

在预燃成功,设置好工作参数后,按下"激光"键,激光焊接设备可按设置的频率出光。

3. 控制系统

激光焊接设备需连接 TY-YJ-C-L-ZKZP 型中控实训平台,方可完成运动控制加工及逻辑程序编辑等功能。设备主机连接中控实训平台,采用 SMC-6480 四轴位置控制器进行控制。

1) SMC-6480 控制器接口分布

SMC-6480 控制器的接口分布如图 9-12 所示。

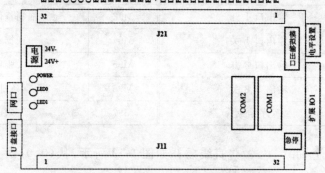

图 9-12 SMC-6480 控制器接口分布

注意:① 电源请接直流 24 V,且注意正负极。

② 如果网络接口连接交换机或者 HUB,请用直连网线;如果连接 PC,请用交叉网线。

③ 使用各接口前,请详细阅读各接口的定义以及接口电路图。

④ 网口、U 盘接口、拨码开关、扩展 I/O 接口布置在控制器两侧,在图中以虚线框表示。

2) 编程常用指令

控制系统编程常用指令如表 9-5 所示。

表 9-5 编程常用指令

指 令	功 能	指 令	功 能
G00	快速定位	M80	输出口开
G01	直线插补	M81	输出口关
G02	圆弧插补(顺时针)	M82	等待输入口有效
G03	圆弧插补(逆时针)	M83	等待输入口无效
G04	延时	M90	局部循环结束
G05	圆弧中点	M91	局部循环开始
G06	圆弧终点	M84	连续运动
G26	回零	M85	关闭连续运动
G28	回工件零点	M98	子程序调用
G53	机械坐标	M99	子程序返回
G54	还原为工件坐标	M02	程序结束
G90	绝对坐标	M11	输出口 3 开

续表

指　令	功　能	指　令	功　能
G91	相对坐标	M12	输出口 3 关
G92	重定义坐标	M86	变量加一个数
F	速度设置	M87	变量赋值
M00	程序暂停	M89	等待通过某一点
M07	输出口 1 开	M92	强制修改工件坐标
M08	输出口 1 关	M94	根据条件跳转
M09	输出口 2 开	M95	强制跳转
M10	输出口 2 关	M96	根据条件调用子程序
M30	程序结束	M97	多任务调用

直线插补如图 9-13 所示,从(0,0)沿直线焊接到(100,100)。

```
N00 G28 XY;              回零点
N01 G91;                 使用增量值坐标
N02 M07;                 开激光
N03 G01 X100 Y100 F50;   以最高速度的 50% 进行直
                         线插补
N04 M08;                 关激光
N05 M02;                 结束
```

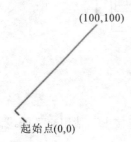

图 9-13　直线插补示例

顺时针圆弧插补如图 9-14 所示,从(0,0)沿圆弧焊接到(100,100)。

```
N00 G28 XY;                回零点
N02 M07;                   开激光
N03 G02 X100 Y100 R100;    顺时针圆弧插补
N04 M08;                   关激光
N10 M02;                   结束
```

连续轨迹如图 9-15 所示,工件只需事先移动到起始点,然后执行程序就能够按指定的轨迹运动。

图 9-14　顺圆插补示例

```
N10 G92 X0 Y0;     将当前的位置坐标定义为
                   (0,0)
N25 M07;           开激光
N30 G01 X100
N31 G01 Y100
N32 G01 X0
N33 G01 Y0
N34 M08;           关激光
N10 M02;           结束
```

图 9-15　连续轨迹示例

9.4.2　多工位智能光纤激光焊接设备的操作

TY-AM-1000 型多工位智能光纤激光焊接设备由 1000 W 的 IPG 光纤激光器、四工位旋转工作台、CCD 系统、机械手、夹具、冷却系统、控制系统、气路系统、显示器、键盘、鼠标等组成,如图 9-16 所示,在设备外形、结构和人机交互界面方面都基于人性化和工作的实效性进行设计。

图 9-16　TY-AM-1000 型多工位智能光纤激光焊接设备

采用工业 CCD 和摄像头对加工工件进行视觉定位,达到精准焊接。计算机控制系统是机械手、激光器的控制和指挥中心,同时也是工作站运行的载体,通过对工位、机械手和激光器的协调控制完成对工件的焊接处理。该设备采用一体化设计,结构紧凑美观,具有光束模式好、能量稳定、性能稳定、安全可靠、焊接速度快、适焊范围广、消耗品和易耗件使用寿命长等特点,同时充分考虑设备在批量生产的各种参数,从细节上做到关键参数可调和数据闭环显示。

其开机步骤如下。

(1) 将中控总电源空气开关打开,使整机设备通电。

(2) 打开制冷机和激光电源开关。

(3) 打开主机柜控制面板。

(4) 打开计算机控制系统。

(5) 进入专用软件界面。

(6) 在软件界面中调节相关参数。

(7) 开启红光。

9.5　项目实训——激光焊接综合实训

任务:(1) 激光焊接设备的操作;

(2) SMC-6480 运动控制器编程;

(3) 激光焊接工艺实训。焊接金属材料一批,如不锈钢片、圆管,如图 9-17 所示;记录焊接工艺参数。

图 9-17　激光焊接金属材料

9.6　项目小结与思考题

1. 项目小结

（1）激光焊接与电阻焊、氩弧焊、电子束焊、等离子弧焊相比，有明显优势。

（2）按焊接特性，激光焊接可分为热传导焊、深熔焊。

（3）深熔焊的功率密度可达 10^7 W/cm^2 及以上，这个数量级的入射功率密度可以在极短的时间内使加热区的金属汽化，从而在液态熔池中形成一个小孔，称为匙孔。光束可以直接进入匙孔内部，通过匙孔传热，获得较大的焊接熔深。

（4）激光焊接设备按照工作方式可以分为激光点焊机、手动激光焊接设备、自动激光焊接机、光纤激光焊接机、振镜焊接机、专用激光焊接设备等；按照激光器可以分为 YAG 激光焊接机、半导体焊接机、光纤激光焊接机等。

2. 思考题

（1）简述激光焊接原理。

（2）简述激光热传导焊与深熔焊的特点。

（3）简述激光焊接设备的基本结构。

（4）激光焊接工艺参数有哪些？

（5）简述固体激光焊接操作步骤。

（6）简述光纤激光焊接操作步骤。

（7）简述激光焊接缺陷类型、原因及解决方法。

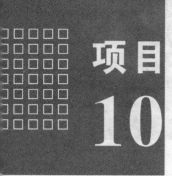

项目
10

激光应用——激光内雕

项目任务要求与目标
- 掌握激光内雕的基本知识；
- 掌握激光内雕机的操作方法；
- 会用激光内雕完成人体头像的水晶内雕。

10.1 激光内雕基本知识

一般雕刻工艺都是从外刻起，从材料外部雕出所需要的形状，而激光内雕却可以在水晶、玻璃等透明材料内雕刻出平面或三维立体图案。其实这些玻璃、水晶等制品周围全然没有供"刻刀"进出的开口。

激光内雕(laser inside engraving)是指通过计算机制作三维模型，经过计算机运算处理后，生成三维图像；再利用激光技术，通过振镜控制激光偏转，将两束激光从不同的角度射入透明物体(如玻璃、水晶等)内，准确地交汇在一个点上；由于两束激光在交点上发生干涉和抵消，其能量由光能转换为内能，放出大量热量，将该点熔化形成微小的空洞。由设备准确地控制两束激光在不同位置交汇，制造出大量微小的空洞，最后这些空洞就形成所需要的图案。

激光是对人造水晶(也称水晶玻璃)进行内雕最有用的工具。采用激光内雕技术，将平面或三维立体的图案"雕刻"在水晶玻璃的内部时，不用担心射入的激光会熔掉同一直线上的材料，因为激光在穿过透明物体时不会产生多余热量，只有在干涉点处才会将光能转化为内能并熔化材料，而透明物体的其余部分则保持原样。

在水晶、玻璃等透明材料内雕刻平面或三维立体图案，可生产 2D/3D 人像、人名、手脚印、奖杯等个性化礼品或纪念品，也可批量生产 2D/3D 动物、植物、建筑、车、船、飞机等模型产品和 3D 场景展示产品，如图 10-1 所示。

激光三维立体内雕技术是目前最先进、最流行的玻璃内雕加工方法。它将脉冲强激光在玻璃内部聚焦，并产生微米量级大小的汽化爆裂点，然后通过预先设定好的计算机程序控制爆裂点在玻璃内的空间位置，构成绚丽多彩的立体图像。目前市场上所见到的三维水晶内雕工艺品大都是采用激光三维立体内雕技术制作的。

激光内雕有如下优点。

图 10-1　激光内雕产品

（1）采用先进的振镜技术配合 2 kHz 半导体泵浦 YAG 倍频激光器,爆裂点很细很亮,雕刻速度快,图案精细、生动、逼真。

（2）配置自主开发软件,配合三维相机可制作精细三维人像。

（3）适应个性化和批量快速加工的需求,一台设备可满足多个店面网络销售及电子商务网络销售的生产量。

激光三维立体内雕将用到三维立体图形,目前常见的绘图软件有 AutoCAD、3DMax、Pro/E、SolidWorks 等。

现在各种激光内雕机雕刻的图案以白色的为主,随着技术的成熟、设备的完善,内雕产品在色彩上必然变得更为丰富。利用工艺品的内雕部分对光线具有较强的反射、折射作用,而空白部分对光线具有较好的通透性能的光学原理,由微控制电路按照三基色调色板原理,分别控制几种色彩的光,可在"内雕"图案上混色,变化出多种绚丽的色彩,从而使原本白色的内雕图案呈现出五彩缤纷、光彩夺目的效果。

激光内雕工艺参数如表 10-1 所示。

表 10-1　激光内雕工艺参数

工艺参数	参数说明
激光	电流、雕刻速度、激光功率、雕刻精度
材料	材料、环境的温度
点云文件	点云数据

10.2　激光内雕设备及其操作步骤

1. 激光内雕设备

激光内雕设备是将激光技术和计算机技术结合起来的高新一体化新型激光外设加工设备。激光内雕设备采用高性能的激光和数控技术,通过光学系统、控制系统和计算机软件,在水晶、玻璃等材料内部实现三维动态精密雕刻。

激光内雕设备一般由激光器及光学光路、控制装置、机柜和工作台构成。控制装置为伺服控制装置,由伺服控制箱和伺服电动机组成,伺服电动机有 3 个,分别与工作台、激光器及光学光路连接;工作台为滚珠丝杠导轨工作台;激光器及光学光路有 1～2 套,与之配套的1～2 套激光电源装在机柜内;采用先进的振镜技术配合 2 kHz 半导体泵浦 YAG 倍频激光器,波长为 532 nm 的可见光,爆裂点很细很亮,雕刻速度更快,图案更精细、生动、逼真。

2. 开机和雕刻操作步骤

(1)先打开计算机和显示器,然后打开激光内雕机,按钮如图 10-2 所示。

(2)等计算机进入 Windows 系统后,打开桌面上的"水晶内雕"打点软件,软件打开后点击"复位"。

注意,以下 3 种情况下必须复位:

① 断电后重启;

② 软件关闭后重启;

③ 工作台碰触限位开关,系统提示如图 10-3 所示。

 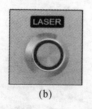

(a)   (b)

图 10-2 开机按钮
(a)总电源按钮 (b)激光器电源按钮

图 10-3 触限位停止

(3)在软件的"文件"菜单中打开需要内雕的图案,即已算好爆裂点的" * . dxf"文件,如图 10-4 所示。

图 10-4 打开文件

(4)输入需要内雕的水晶尺寸(以 50 mm×80 mm×80 mm 为例),点击"应用",如图 10-5 所示。

(5)选中所要雕刻的文件名,如图 10-6 所示。

图 10-5 输入尺寸

图 10-6 选中文件名

(6)点击"整体居中"。

(7)根据图案文件选择分块方式,如图 10-7 所示。

(8)将水晶表面擦干净,在水晶底部粘上双面胶,然后将水晶放在工作台右上角,靠齐并粘紧。

(9)点击"雕刻",开始雕刻,如图 10-8 所示。

(10)雕刻完成。

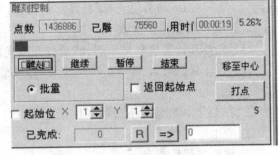

图 10-7　选择分块方式　　　　　　　　　图 10-8　开始雕刻

3. 水晶内雕批量加工步骤

（1）输入水晶尺寸（以 50 mm×50 mm×80 mm 为例），如图 10-9 所示。

偏移：表示水晶偏离工作台的距离（mm）。

间距：表示相邻水晶之间的距离（mm）。

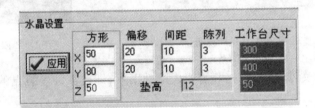

图 10-9　输入尺寸

陈列：表示在 X、Y 轴方向所加工的水晶个数。

工作台尺寸：表示 X、Y 轴两个方向可加工的最大尺寸范围。陈列设定的数据不能超出这个范围。

垫高：表示水晶和工作台之间所放垫板的高度。可以根据实际需要确定。

参数设定完成后，点击"应用"。

（2）软件界面显示如图 10-10 所示。

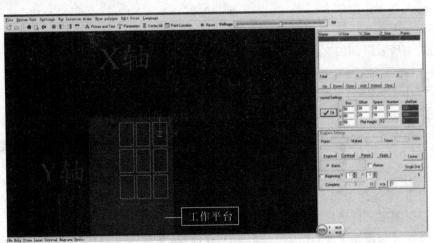

图 10-10　界面显示

（3）将批量加工底板放入工作平台，如图 10-11 所示。

（4）点击"产生定位图"，出现提示，点击"确定"，如图10-12所示。

图 10-11　将批量加工底板放入工作平台

（5）雕刻定位的位置确定后，再打开所需要内雕的文件，然后将文件整体居中。

（6）点击"雕刻"，即可进行批量加工。

4. 关机操作步骤

（1）关闭激光器电源按钮、总电源按钮。

（2）关闭"水晶内雕"打点软件。

（3）关闭计算机。

（4）最后断开机器外部电源。

图 10-12　提示

10.3　3DInterpretation 软件使用说明

3DInterpretation 软件是激光内雕设备的操作软件，用于激光内雕三维图像采集、数据处理等。

在系统安装完成并上电后，双击"3DInterpretation. exe"启动 3DInterpretation 软件，软件界面如图 10-14 所示。

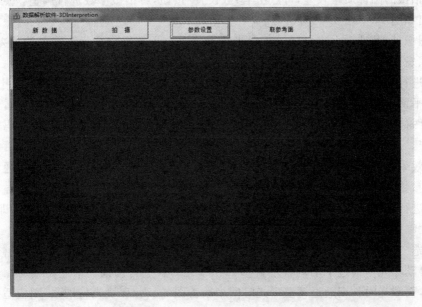

图 10-14　3DInterpretation 软件界面

该软件有四个功能按钮,分别是"新数据""拍摄""参数设置"和"取参考面"。

　　在软件启动后,相机所能观察的景象就会被显示出来。在对着背景的情况下,首先点击"取参考面",该按钮的功能是对系统进行内部标定,必须在正常拍摄前进行。如果忘记此步骤直接拍摄,则系统会提示"请先取参考平面(点击'取参考面'按钮)"。请保证获取参考面时背景面板是平整的,并且背景面板距离扫描仪前面板 1.7 m(误差不要超过 2 cm),否则拍摄的三维模型可能会发生变形或数据不能解析的现象。取参考面操作应在每次程序启动或相机发生移动后进行,该动作只需执行一次。

　　取完参考面后即可进行正常拍摄。在拍摄人像或物体前,首先点击"新数据"按钮,点击后会弹出模型保存对话框,请选择保存的路径、文件名和文件类型。该软件支持两种文件格式:一种为 FSD 格式,可被 PointProcess 软件读取;另一种为 OBJ 格式,方便用户进行扩展应用。如果未指定文件保存类型和保存路径,则拍摄后数据自动以 Temp.fsd 文件名保存于软件安装目录下。如果选择 FSD 格式,则会产生同名的".fsd"文件和同名的".bmp"文件各一个。如果选择 OBJ 格式,则会产生同名的".obj"文件、同名的".mtl"文件和同名的".bmp"文件各一个。对获得的每组数据请在移动时同时操作,否则会造成文件缺失而不能继续使用。

　　点击"拍摄"按钮,则系统进行拍摄动作,系统会进行光栅投射和闪光灯启动,整个拍摄过程持续 1.6～2 s(视计算机运行状态而定)。请注意:在拍摄期间请不要让拍摄对象移动,否则可能造成数据解析失败而无法获得三维模型。另外拍摄的景深范围为 50 cm,即由背景面板向相机方向 50 cm 内的对象能被正常解析,而超出该范围的将无法被解析。

　　拍摄后软件需进行一定时间的解析,此时尽量不要进行其他操作,因为这时软件对内存和 CPU 消耗很大。另外解析过程中软件显示的图像会定格为拍摄产生的 BMP 图像,此时也可通过观察图像来判断图像质量是否良好,并据此对曝光时长、增益等进行调整。请注意:该相机使用的是非自动光圈镜头,如果观察时对象的曝光时长比较合适,由于拍照会启用闪光灯,则可能造成最终拍摄的图像发生过曝,这时可适当降低曝光时长并重新拍摄。

　　如果拍摄的图像质量较差,可点击"参数设置"按钮,对拍摄参数进行调整。点击该按钮后,会弹出如图 10-15 所示的对话框。

　　在"图像处理"选项页中可以进行白平衡操作。白平衡操作是为改善色调偏差,如图像整体发红、发蓝等现象而进行的操作。进行白平衡操作时,应将蓝色背景布换为白色,或对白色墙面进行拍摄,其要求是相机视域内为全白色。如使用白色背景有难度,可用另一种方式调整白平衡,即对红色(R)、蓝色(B)、绿色(G)增益进行调整,在调整时可实时看到效果。

　　有时图像色差太大或太小,会造成一些重要特征不明显,这时可以调整"伽码"或"对比度"来改善。另外调节"饱和度"也可以对图像整体效果进行改善。请注意:调整并不是总能带来更好效果,系统默认值是在设备出厂前进行反复调校所获得的最优参数。通常情况下不要改变参数。如果调整参数后依然达不到较好的效果,还可以把拍摄的图像导入其他修图软件中进行优化,只要保存的图像格式与原图像格式及大小一致并且名称一样即可。

　　点击"曝光/设置"选项页,显示如图 10-16 所示的界面。

　　如勾选"自动曝光",则由系统自动计算曝光时长和增益参数。如果需要手动修改,则不要勾选"自动曝光",通过手动调整增益参数和曝光时长进行修改。增益是指对图像进行非线性增强,而曝光时长则通过调整曝光时间来改善图像。若环境光特别强,则应适度降低曝光时长和增益,防止曝光过度,图像太亮。若环境光较暗,导致拍摄的图像也偏暗,则可适度延长曝光时长或增大增益。增益的增加会导致图像颗粒感变强,一般不推荐使用。

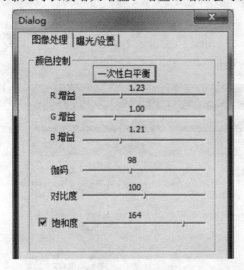

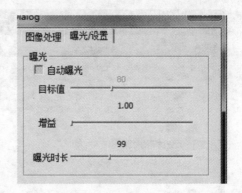

图 10-15　参数设置对话框　　　　　　　　图 10-16　"曝光/设置"选项页

10.4　PointProcess 软件使用说明

PointProcess 软件为点云数据处理软件,可将点云文件转换为点云数据。使用该软件可获得十分精彩、细腻的内雕效果,下面对该软件的使用方法进行详细介绍。

PointProcess 软件的界面如图 10-17 所示。

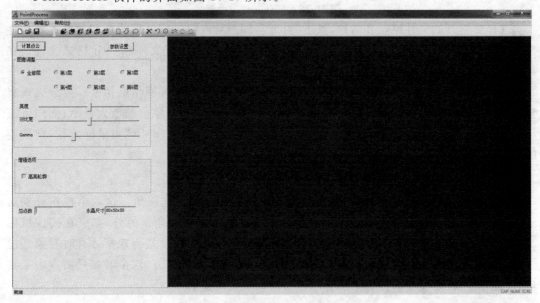

图 10-17　PointProcess 软件界面

在界面的第一行,有三个菜单选项,分别为"文件""编辑"和"帮助"。点击"文件"选项会弹出下拉菜单,包括"新建""打开""保存""另存为"和"退出"共五个子菜单。这些子菜单的功能调用也可以通过点击下一行对应的图标按钮实现。"新建"对应 ▯ 按钮,"打开"对应 ☞ 按钮,"保存"对应 🖬 按钮,"退出"则对应窗口右上角的 ✕ 按钮。

1. 功能区使用说明

下面对各项功能按钮逐一进行说明。

1）打开 📂

点击该按钮后，会弹出如图 10-18 所示的对话框。

图 10-18　打开文件对话框

选择要打开的文件路径和名称，点击"打开"，即可导入要进行处理的模型数据。该软件作为专用软件，只支持由 3DInterpretation 软件产生的 FSD 格式文件和 OBJ 格式文件。在导入文件成功后，程序右侧显示区域会显示出拍摄对象的三维模型。

对模型的观察，本软件支持放大、缩小、旋转、平移和六个标准视角的切换。要放大观察对象，首先鼠标左键点击显示区域，然后向上滚动鼠标的滚轮，对象会被放大显示；而向下滚动鼠标滚轮，对象就会被缩小显示。要实现对象的移动，则按住"Shift"和鼠标滚轮，向期望的方向移动鼠标，对象就会按指定方向移动。

2）标准视角 📐📐📐📐📐📐

要从不同视角观察对象，则可以在视角切换按钮中选择不同视角。这六个按钮分别对应正向视角、反向视角、左侧视角、右侧视角、上侧视角和下侧视角。另外，如果在按住鼠标滚轮的情况下移动鼠标，则对象就会旋转，这样就可以从自由角度进行观察。有时对象经过一系列操作后被过于放大或缩小了，或者被移动到了看不见的地方，这个时候只需点击工具栏上的 ⊙ 按钮，对象就会以合适的大小重新回到显示区域的中心。

3）裁剪 ☐ ◇ ◯

有时用户希望能雕刻出特定形状，这个时候可通过裁剪工具实现。目前该软件提供三种裁剪工具，对应于三个按钮，分别是矩形裁剪、多边形裁剪和自由裁剪。

（1）矩形裁剪。先点击工具栏上的对应按钮 ☐，在显示区按下鼠标左键不要放开，此时滑动鼠标会看到一个起始点，为按下位置，终止点为鼠标当前位置的红色矩形框。当左键抬起时,矩形框中的点会变为红色,表示该点处于被选择状态,此时按下"Delete"或者点击工具栏上的 ✖ 按钮,红色的点就会被删除。

(2) 多边形裁剪。点击工具栏上的 ◇ 按钮,然后可在显示区依次点击不同的点,这些点会顺序以直线方式连接,最后让选择点回到最初点击的第一个点(当鼠标光标接近第一个点时,会出现一个绿色的捕捉框,此时点击左键即可,不必要一定移动到完全一致的位置)。如果存在对象点,则点会变成红色,此时按下"Delete"或者点击工具栏上的 ✖ 按钮,红色的点就会被删除。

(3) 自由裁剪。点击工具栏上的 ◯ 按钮,按下鼠标左键后不要松开,然后移动鼠标,会发现显示区域内出现了沿鼠标运动轨迹绘出的曲线。该曲线与一条从鼠标光标当前位置到起始点的直线段形成闭合曲线。松开鼠标左键,则该闭合曲线内的对象点就会被选中,变为红色,此时按下"Delete"或者点击工具栏上的 ✖ 按钮,红色的点就会被删除。

4) 撤销 ↺

如果误删了点,则可以点击工具栏上的 ↺ 按钮,上一次被删除的点就会重新恢复显示。请注意,删除操作被软件理解为分步执行。如果选择了一部分点(可以是多次选择后的多个区域内的点),并执行了删除,则撤销只恢复刚刚被删除的点。如要进一步恢复之前被删除的点,则再次点击 ↺ 按钮,直到恢复到想要的状态。如果点已经被选择(变为红色),但不想再继续执行,则同时按下"Ctrl"和"C"键,点的选择状态就会被撤销。另外撤销删除也可以通过同时按下"Ctrl"和"Z"键实现。

5) 修复 ⇧

有时由于光线问题或拍摄时对象发生微小移动,造成部分数据出现了明显的偏差,这时候就要对偏差部分进行修正,点击 ⇧ 按钮就可以实现该目的。对偏差部分应逐个修复,不要一次性修复多个区域。可通过不同选择方式选中待修复的区域,由于待修复区域一般分布不规则,因此推荐使用自由选择工具。请注意选取范围不要过大,覆盖待修复区域即可。

6) 平滑 △

一些区域还可能出现局部凸出或凹陷,为使模型光滑,可采用平滑功能,点击 △ 按钮。平滑操作也是对被选中点进行的。

2. 设置区使用说明

在对模型对象进行了满意的加工后,就可以设置雕刻参数了。点击"参数设置"按钮,则会弹出如图 10-19 所示的对话框。

在该对话框内,可看到当前参数的信息,并可对相关内容进行修改。

在"当前规格"一栏中,显示了各方向的已设置尺寸。如果要修改水晶体的尺寸,可点击"选择"按钮上方的下拉菜单,选择合适的尺寸后点击"选择"按钮即可,而左侧各方向的值也会相应改变。如果在已有的尺寸中找不到合适的水晶体尺寸,则可以在右侧"新添加"一栏中,依次输入需要设定的水晶体宽度、高度和厚度尺寸,并点击"加入"按钮。这时再次点击左侧尺寸的下拉菜单会发现,刚才添加的水晶尺寸已在其中,如果要使用该尺寸,只需在下拉菜单中选中,并点击"选择"按钮即可。请注意:默认情况下,计算打印点时,打印点所占实

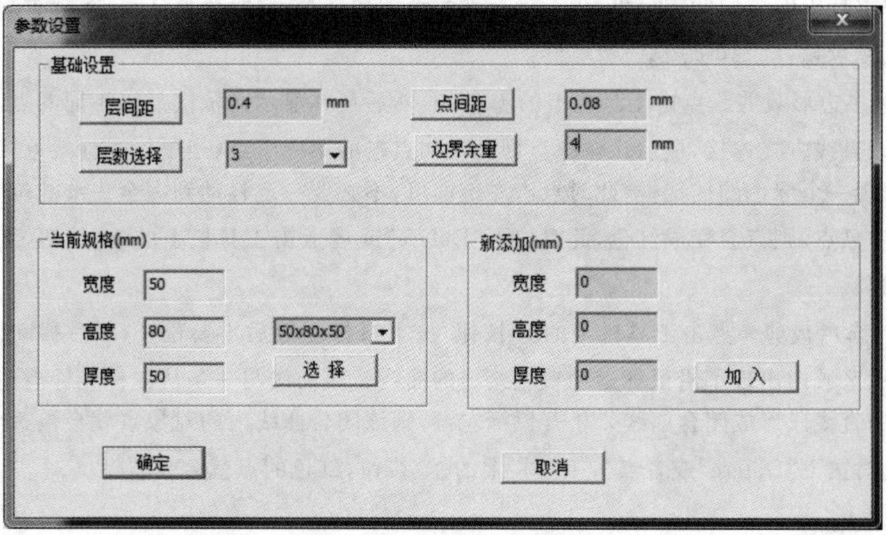

图 10-19 参数设置对话框

际尺寸相对水晶体有 8 mm(两端各 4 mm)的收缩,这样就防止了打印在水晶体内的点离水晶体边界过近。如果要实现水晶全尺寸的雕刻,请酌情设置"边界余量"值。

　　另外一些参数请依据雕刻机相关要求确定,包括打印多层时的层间距以及打印点之间的最小间距。在"层间距"按钮右侧编辑框内输入层间距,再点击"层间距"按钮,则层间距参数即被修改。在"点间距"按钮右侧编辑框内输入点间距,并点击"点间距"按钮,则点间距参数即被修改。通过实验验证,3 层数据一般即可满足对比度方面的要求,如果要实现更强的效果,该软件最多支持 6 层的打印输出。修改该参数只需在"层数选择"按钮右侧的下拉菜单中选择需要的层数,并点击"层数选择"按钮即可。

　　请注意,如需以上被修改的参数生效,还要在关闭该参数设置对话框前点击"确定"按钮。如果点击"取消"按钮,则更改的设置不予保存,仍旧按之前的设置执行。设置的参数被保存后,之后再次计算打印点时就不需要设置了,默认情况下自动按上次设置的参数处理。

3. 图像效果调整

　　在完成模型编辑和相关参数设置后,即可进行点的处理。点击"计算点云"按钮,软件自动进行图像处理并生成雕刻点,计算结果也将显示出来。用户可通过调整相关参数来获取最佳效果。对于多层数据该软件提供了针对某层及全部层的选择。点击"全部层",多层同时更改参数;而点击选取具体某层则针对该层进行处理。

　　一般情况下,如果拍摄的图像较暗,可通过适当增加亮度来改善。"亮度"调节滑块向右滑动时,图像亮度增加,相应点也增多,反之点会减少。有时拍摄的图像对比度不足,可以通过调整对比度来改善。当"对比度"调节滑块向右滑动时,图像对比度会增强,亮的区域更亮,暗的区域更暗,反之则对比度减弱。图像有时存在曝光不足或过度的情况,这时可通过调整"伽码"参数来改善。一般来说在曝光正常的情况下,软件独有的处理算法已能获取最佳的雕刻效果,因此不建议对图像做过多调节。

4. 扩展增强

　　有时用户希望能打印出一个高亮轮廓,此时可以勾选"高亮轮廓",软件即会自动计算出一个轮廓边,其效果如图 10-20 所示。

(a) (b)

图 10-20 高亮轮廓

(a) 无轮廓的原图　(b)添加轮廓后的效果图

10.5　Dots cloud 软件使用说明

Dots cloud 软件是激光内雕设备系列产品所开发的一套算点软件,主要用于内雕系列产品。此软件具有较高的稳定性,在行业内其功能和操作性具有绝对的领先优势,在水晶内雕方面展现出极其优异的功能,可在内雕和打标领域使用。

该软件主功能窗口如图 10-21 所示。

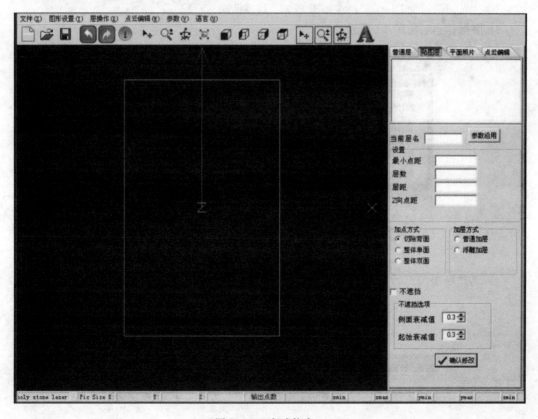

图 10-21　主功能窗口

图中矩形的框线是水晶体大小显示框,中间是三维坐标显示,是实际内雕图案显示区。

模块窗口具有显示普通 DXF 文件、贴图 OBJ 文件、照片 JPG/BMP 文件,生成点云参数以及点云编辑功能。

该软件各功能介绍如下。

(1) 文件与基本设置:如图 10-22 所示。

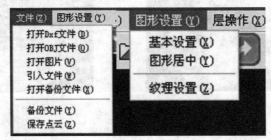

图 10-22　文件与基本设置

(2) 纹理设置:如图 10-23 所示。

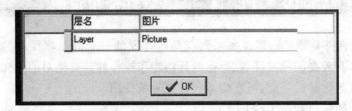

图 10-23　纹理设置

(3) 层操作:如图 10-24 所示。

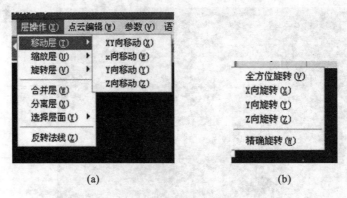

(a)　　　　　　　　　　　　(b)

图 10-24　层操作

(a) 移动层　(b) 旋转层

(4) 选择层面与点云编辑:如图 10-25 所示。

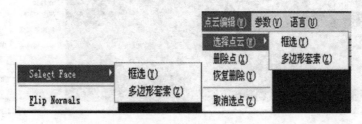

图 10-25　选择层面与点云编辑

（5）工具列：如表 10-1 所示。

表 10-1　工具列

图　标	说　明	图　标	说　明
	新建		打开文件
	保存文件		向后返回
	向前返回		开始产生点云
	显示界面移动		显示界面放大/缩小
	显示界面旋转		双击鼠标左键界面居中
	视图显示：正/左		视图显示：右/顶
	移动所选图层		缩放选中的图层
	旋转选中的图层		输入文字

普通层编辑如图 10-26 所示。

各项说明如下。

（1）层显示：选择层。

（2）线点距、面点距：给线加点或给面加点。同时给线、面加点时，将线点距参数值设置稍小，面点距参数值设置稍大。

（3）随机点、方形规则点 A、方形规则点 B、菱形规则点 A、菱形规则点 B：算改 Z 向浓度，控制侧面点距。每次只能选择一种模式。

（4）参数沿用：主要用于可以用同样参数的层。

（5）加层设置：参数全部默认。

（6）确认修改：在选择层设置好参数，需点一下"确认修改"，然后再选择下一层文件改参数，依次操作。

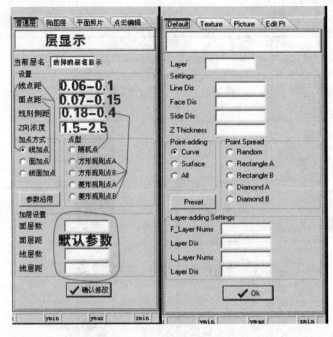

图 10-26　普通层编辑

点云编辑如图 10-27 所示。

图 10-27　点云编辑

各项说明如下。

（1）引入点云：算好点的文件需从这里引入；可以引入多个文件合并。

（2）清空点云：清空引入点云文件。

（3）XYZ/X/Y/Z 移动：移动所选引入文件到需要的位置。

（4）单选：只能选择一次。

（5）多选：多次选择。

（6）框形选择：用方框的形状选择。

（7）多边形选择：用多点成形的方式选择。

（8）反选：选择未选中的文件。

（9）删除点云：删除不用的点。

（10）恢复删除：把所删的文件恢复。

10.6　项目实训——激光内雕综合实训

任务:(1)激光内雕设备的操作。

(2)三维相机的使用。

(3)激光内雕实训。完成个人头像及其他三维立体图像的水晶内雕,如图 10-28
所示。

图 10-28　水晶内雕示例

10.7　项目小结与思考题

1.项目小结

(1)激光内雕是指通过计算机制作三维模型,经过计算机运算处理后,生成三维图像;
再利用激光技术,通过振镜控制激光偏转,将两束激光从不同的角度射入透明物体(如玻璃、
水晶等)内,准确地交汇在一个点上;由于两束激光在交点上发生干涉和抵消,其能量由光能
转换为内能,放出大量热量,将该点熔化形成微小的空洞。

(2)激光内雕涉及三维立体内雕技术及三维绘图软件。

(3)激光内雕的工艺参数包括激光内雕设备的电流、雕刻速度、激光功率、雕刻精度、材
料、环境的温度及点云数据等。

2.思考题

(1)简述激光内雕原理。

(2)简述激光内雕的特点、使用软件及其应用。

(3)简述激光内雕设备的基本结构。

(4)激光内雕的工艺参数有哪些?

(5)简述激光内雕操作步骤。

项目 11

激光应用——激光熔覆技术

项目任务要求与目标
● 掌握激光熔覆技术的基本知识；
● 掌握激光熔覆加工工艺。

11.1　激光熔覆技术相关知识

激光熔覆(laser cladding)技术兴起于 20 世纪 80 年代,它利用具有高能密度的激光束使某种具有特殊性能的材料熔覆在基体材料表面,并与基体材料相互熔合,形成与基体材料成分和性能完全不同的熔覆层。激光熔覆不仅能提高材料表面的性能,而且还能降低制造成本和能源消耗,节约材料。

1. 激光熔覆的定义

激光熔覆是一种以不同的添料方式在被熔覆基体表面上放置涂层材料,用激光束照射使之和基体表面薄层同时熔化,并快速凝固后形成稀释率极低且与基体成冶金结合的表面涂层,以显著改善基体表面的耐磨、耐腐蚀、耐热、抗氧化性能及电气特性的工艺方法。激光熔覆可以达到表面改性或修复的目的,既能满足对材料表面特定性能的要求,又能节约大量的贵重材料。

激光熔覆技术是一种经济效益很高的新技术,它可以在廉价金属基体上制备出高性能的合金表面而不影响基体的性质,降低成本,节约贵重稀有金属材料。因此,世界上各工业先进国家对激光熔覆技术的研究及应用都非常重视。

2. 激光熔覆技术的作用

激光熔覆技术可对产品表面进行修复,如转子、模具表面修复等,如图 11-1、图 11-2 所示。有关资料表明,修复后的零部件的强度可达到原强度的 90% 以上,其修复费用不到重置费用的 1/5,更重要的是缩短了维修、替换时间,解决了大型企业重大成套设备连续可靠运行所必须解决的转动部件快速抢修难题。另外,对关键零部件表面熔覆超耐磨抗腐蚀合金,可以在零部件表面不变形的情况下大大提高零部件的使用寿命。对模具表面进行激光熔覆处理,不仅可以提高模具强度,而且可以降低 2/3 的制造成本,缩短4/5的制造周期。

图 11-1 空压机转子轴承表面修复　　　图 11-2 抛锚机传动轴表面修复

3. 激光熔覆分类

激光熔覆按熔覆材料的供给方式可分为两大类,即预置式激光熔覆和同步式激光熔覆,如表 11-1 所示。按工艺流程,与激光熔覆相关的工艺主要有基材表面预处理方法、熔覆材料的供料方法、预热和后热处理。

表 11-1 激光熔覆方式

熔覆方式	工艺流程	备　注
预置式激光熔覆	基材熔覆表面预处理→预置熔覆材料→预热→激光熔化→后热处理	预置式激光熔覆是将熔覆材料事先置于基材表面的熔覆部位,然后采用激光束辐照扫描熔化,熔覆材料以粉、丝、板的形式加入,其中以粉末形式最为常用
同步式激光熔覆	基材熔覆表面预处理→送料→激光熔化→后热处理	同步式激光熔覆是将熔覆材料直接送入激光束中,供料和熔覆同时完成。熔覆材料主要以粉末的形式送入,有的也采用线材或板材进行同步送料

4. 激光熔覆工艺参数

激光熔覆工艺参数如表 11-2 所示。

表 11-2 激光熔覆工艺参数

工艺参数	备　注
激光	激光功率、光斑直径、离焦量
材料	材料种类
其他参数	熔覆速度、送粉速度、扫描速度、预热温度

这些参数对熔覆层的稀释率、裂纹、表面粗糙度以及熔覆零件的致密性等有很大影响。各参数之间也相互影响,而且非常复杂,须采用合理的控制方法将这些参数值控制在激光熔覆工艺允许的范围内。例如:熔覆速度过高,合金粉末不能完全熔化,无法达到优质熔覆的效果;熔覆速度太低,熔池存在时间过长,粉末过烧,合金元素损失,同时基体的热输入量大,会增加变形量。

5. 激光熔覆的优点

(1) 速度快,深度大,无变形,熔覆层无夹渣,熔池细腻无气孔。

(2) 可以在室温或者特殊的条件下进行工作,比如激光经过磁场之后光束不会发生偏转,在真空情况下也能进行。

（3）可通过玻璃和透明的材料进行熔覆。

（4）可进行薄壁激光熔覆，基体无变形。

11.2 激光熔覆设备介绍

激光熔覆设备一般由激光器、冷却机组、送粉机构、加工工作台、计算机控制系统等部分组成。激光熔覆设备中常用的激光器有 CO_2 激光器、固体激光器、光纤激光器等。

图 11-3 所示的激光熔覆设备主要由激光器及激光加工头、激光电源、冷却系统、CNC2000 数控系统、三维十字滑台工作系统、Z 轴升降系统等组成。

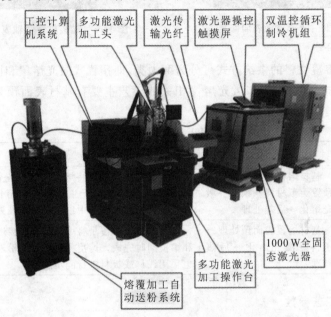

图 11-3 激光熔覆设备

1. 激光器

该设备所用激光器的主要技术指标如表 11-2 所示。

表 11-2 激光器技术指标

技术参数	备　　注
激光波长	1.064 μm
晶体	Nd:YAG 晶体
平均输出功率	1000 W
输出方式	光纤传输
激光器日连续工作时间	24 h
光束发散角	≤2.5 mrad

2. 电源

该设备采用新型激光电源。该电源主要由主电路、触发电路、预燃电路、控制电路、保护电路组成，具有过流、过压、流量保护装置，其频率、脉宽、电流均可调。该电源操作面板具有工作时显示功率、频率、激光工作次数、工作时间等,出故障时显示故障类型的功能。其技术指标如表 11-3 所示。

表 11-3 激光电源技术指标

技术参数	备 注
输入电源	三相四线(380±19)V
最大额定功率	14 kW
脉冲工作电流	60~600 A
不稳定度	−2.5%~+2.5%
接地电阻	≤3 Ω

3. 激光器电源

激光器电源是激光设备的重要组成部分,它可调整激光加工设备的输出能量参数。

该设备的激光器电源为开关电源,主要原理为:三相交流电经整流、滤波后变成直流电,对贮能电容充电,经整流逆变后,再通过大功率开关管放电,并经过高功率、精密电感变为恒流源,使氙灯放电,放电的频率和宽度由控制信号决定。

4. 聚焦系统

该设备的聚焦系统主要由聚焦镜和 Z 轴聚焦装置组成。激光加工通常需要一定的离焦量,因为激光焦点处光斑中心的功率密度过高,容易蒸发成孔。离开激光焦点的各平面上,功率密度分布相对均匀。离焦方式有两种——正离焦与负离焦,焦平面位于工件上方为正离焦,反之为负离焦。聚焦系统的技术指标如表 11-4 所示。

表 11-4 聚焦系统技术指标

技术参数	备 注
聚焦镜焦距	50 mm、150 mm、400 mm
最小聚焦光斑直径	0.4 mm、0.8 mm、1.2 mm
扩束镜倍数	2.5

5. 冷却系统

该设备含内循环冷却系统,外循环冷却系统需用户自行采用冷却塔或制冷机组冷却。内循环冷却系统包含水箱、热交换器、过滤器、磁性泵以及水温、水流保护器等器件。外循环水进入热交换器对内循环器件进行冷却,保证激光器在恒温下稳定工作。为保证热交换器不被杂物堵塞,特在进口处添加过滤器,并设有与激光电源连锁的欠流量保护及超温保护装置。冷却系统的技术指标如表 11-5 所示。

表 11-5 冷却系统技术指标

技术参数	备 注
供水压力	40 kPa
流量	35 L/min
水温调节范围	20~45 ℃
数显水温精度	±0.1 ℃

6. 半导体指示光源系统

半导体指示光源系统的技术指标如表 11-6 所示。

表 11-6　半导体指示光源系统技术指标

技术参数	备　注
指示系统	红色可见光
波长	0.6328 μm
功率	1 mW

7. 控制系统

该设备采用 CNC2000 数控系统。CNC 数控系统软件基于 Windows 操作系统,采用 DSP 技术开发,所用工业计算机配置为 C4 2.0 G 处理器、1 G 内存、160 G 硬盘、17 英寸(约 43.18 cm)液晶显示器、中英文键盘,具备 USB 接口、以太网卡,硬件采用 PCI 接口,可通过激光电源的 232 接口实现对激光器的控制,并能实现对冷却系统的连锁,具备故障报警显示等功能。

8. 工作台

该设备的 X、Y 轴采用二维自动移动平台,并采用二维精密进口滚珠丝杠及导轨工作台,由伺服电动机驱动,为高精度数控工作台。工作台的技术指标如表 11-7 所示。

表 11-7　工作台技术指标

技术参数	备　注
X、Y 二维工作台行程	300 mm×200 mm
最小进给量	0.01 mm
重复定位精度	$-0.01\sim+0.01$ mm
定位精度	$-0.02\sim+0.02$ mm
移动速度	$0\sim2000$ mm/min
载重	40 kg

9. Z 轴升降系统

该设备的 Z 轴采用激光头自动升降系统。另预留 C 轴旋转夹具接口,可配 C 轴旋转夹具。Z 轴升降系统的技术指标如表 11-8 所示。

表 11-8　Z 轴升降系统技术指标

技术参数	备　注
Z 轴行程	$\geqslant$150 mm
定位精度	$-0.02\sim+0.02$ mm
重复定位精度	$-0.01\sim+0.01$ mm

10. 激光谐振腔

该设备的激光谐振腔为真空全封闭固态谐振腔。其中,Nd:YAG 晶体是激光器的核心器件。Nd：YAG 晶体的波长是 $1.064~\mu m$。谐振腔决定激光束的光学质量。聚光腔采用的是新型全腔水冷式双椭圆柱组合结构,结构复杂,全密封,光电转换率高。

11. 主光路系统

该设备的主光路系统为模块化系统,由谐振腔模块、Nd：YAG 晶体、反射系统、电动光闸、扩束系统及光纤耦合系统、传输光纤组成,它决定了激光的输出。其光路分布如图 11-4 所示。

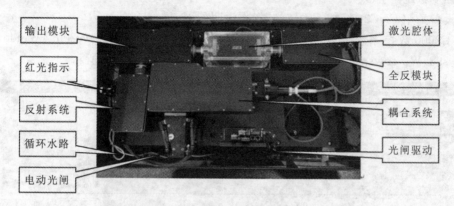

输出模块　　激光腔体
红光指示　　全反模块
反射系统　　耦合系统
循环水路　　光闸驱动
电动光闸

图 11-4　主光路系统光路分布

11.3　激光熔覆设备操作及调试

以图 11-3 所示的激光多功能设备为例,介绍激光熔覆设备的操作及调试方法。

1. 调光

该设备采用的激光器为全固态封闭式激光器,为免维护设计,避免了频繁光学调试的不便。

2. 操作面板

(1) 打开总电源;

(2) 打开急停开关 ;

(3) 按下系统电源按钮 ;

(4) 将钥匙开关旋至用户模式 。

3. 开机准备

系统自动充氮气对密封盒进行除湿,机柜空调开启,对机柜进行降温。在夏季高温高湿时,建议提前至少 30 min 开启系统。查看状态界面,"H1 谐振湿度"在 40％以下,(带空调机型)机柜温度 T_3 在 25 ℃左右(± 2 ℃)时,开启冷水机。在夏季高温高湿时,冷水机高温液可设置在 32 ℃左右,与环境温度差低于 2 ℃,防止加工头结露。

4. 操作

(1) 进入"用户模式"界面按"待机"按钮,等待"待机完成"提示。

(2) 输入需要的功率参数。

(3) 按"确认""发射",产生激光,注意安全(可由外控信号控制)。

(4) 操作"光闸",控制激光的输出(可由外控信号控制)。

5. 关机

（1）依次按"光闸""发射""待机""取消功率"。

（2）关闭冷水机（高温高湿时，冷水机关闭后等待 10 min）。

（3）依次关闭系统电源、总开关。

（4）断开供电电路。

6. 控制系统

该设备采用 CNC2000 数控系统，其操作说明如下。

CNC2000 数控系统软件基于 Windows 操作系统，可在 Windows2000、WindowsXP、Windows98、Windowsme 或 Windows95 下运行，软件界面如图 11-5 所示。

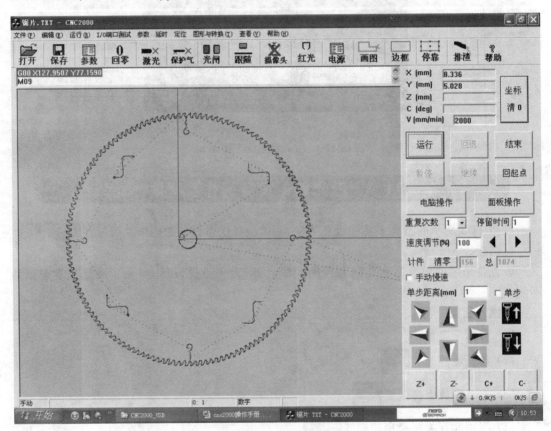

图 11-5　软件界面

CNC2000 数控系统主菜单功能包括文件管理、文件编辑、程序运行、手动操作、图形仿真、AutoCAD 图形文件转换、查看、帮助等。

数控系统界面包括上、下两个用户窗口，可用鼠标拖动两个窗口中间的分界线，改变窗口大小。上窗口为文件编辑窗口，用于进行文件管理与编辑；下窗口为文件执行窗口。

1）快捷键

F1：帮助。F2：存盘。F4：运行。

2）程序运行

程序运行功能用于运行内存中的数控加工程序。其子功能有程序校验、试运行、运行整个程序等。

（1）程序校验：用于校验程序中的语法错误。一般常见错误信息如下。

错误1：该行有不能识别的指令。

错误2：该行中的G01指令格式不对。

错误3：该行中指定的速度超过了上限值。

错误4：该行中的G02、G03指令格式不对。

错误5：该行中的G04指令格式不对。

错误6：该行L指令调用的子程序不存在。

错误7：存在多余的M17指令。

（2）试运行（空运行）：试运行时只移动工作台，由M指令控制的输出端口不输出信号，即气阀无动作、不出激光等。

（3）运行整个程序：执行所有数控程序。运行时可以显示程序与坐标位置，并实时显示图形（XY平面或ZX平面）。程序的运行有两种方式：面板操作和电脑操作。具体操作步骤如下。

① 面板操作。

选择面板操作，可通过软件操作面板来完成相关操作。如图11-6所示，面板上有3个开关和12个按键。

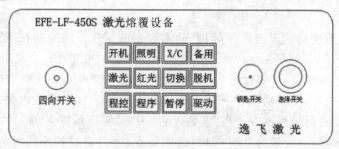

图11-6　软件操作面板

按下"驱动"键，步进电动机上电，进入数控状态。

在数控状态下，按"脱机"键，可手动调整工件的位置。调整完毕以后，要松开"脱机"键才能重新进入数控状态。

按下"红光"键，指示光点亮。

按下"照明"键，照明灯开始工作；松开后，照明灯熄灭。

在灯预燃成功，设置好工作参数后，按下"激光"键，设备可按设置频率出光。

当没有按下"X/C"键时，沿$X+$、$X-$、$Y+$、$Y-$方向移动操纵杆，工作台按相应方向移动。当按下"X/C"键时，上下移动操纵杆时Z轴上下移动，左右移动操纵杆时工作台正反向移动。

在程序编制完毕以后，按"程控"键进入程控状态，按"程序"键开始运行程序，按"暂停"键，程序暂停运行。

② 电脑操作。

如图11-7所示，点击"电脑操作"，再点击"开始"或按回车键，可自动运行程序。手动运行工作台，可按键盘上的"←""↑""→""↓"方向键和"PageUp""PageDown"键移动工作台和Z轴。按下按钮时，工作台或Z轴移动；松开按键时停止。C轴用"Home""End"键移动。

按下"Shift"键后,按键盘上的"←""↑""→""↓"方向键和"PageUp""PageDown""Home""End"键,工作台移动速度快一倍。

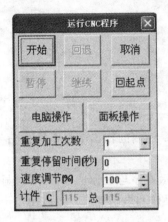

图 11-7 "运行 CNC 程序"对话框

"运行 CNC 程序"对话框(见图 11-7)中显示手动速度值。手动速度值可在"参数设置"中设置和修改。

暂停:加工完当前直线或圆弧后停止。

回退:当发现没有切穿或没有焊好时,暂停后,从暂停位置沿原路返回。只有当速度较低时才能保证精度,高速时可能会丢步。

继续:从暂停位置继续向下运行。

重复加工次数:设置重复运行当前程序的次数,最小为默认值 1。设置时不要从键盘输入,应该点击右侧下拉菜单,从中选择数字。

计件:记录加工的零件数,包括某次清零后的零件数和零件总数。

C:清零。

取消:退出程序运行。

3)回零功能

X、Y、Z 轴一般应向负方向回零,但有些工作台的零位开关安装在坐标轴的正限位附近,为满足这一要求,该控制系统提供了正方向回零功能。可选择一个或几个轴同时回零。

回零速度在"参数设置"中设置,一般可设为 500~1000 mm/min。注意:只有零位开关信号连入计算机时,回零功能才有效。零位开关应装在极限开关内侧。回零可以回到机械零点,也可以回到编程零点。当"参数设置"中的"零点偏置 X 轴"和"零点偏置 Y 轴"(偏置相对于机床零点)设置为 0 时,回到机床零点;当二者设置不同时为 0 时,回到编程零点。

回零方向在"参数设置"中设置:"-1"表示向负方向回零;"1"表示向正方向回零;"0"表示该轴不回零。

4)I/O 端口测试

用于在调试时测试零位输入、极限输入、操作面板上的按钮等对 24 V 地的通断状态。程序每秒钟自动测试一次。还可以手动控制输出端口激光、气阀、光闸初始状态等。

5)运动参数设置

运动参数设置口令为 2000。

如图 11-8 所示,屏幕上弹出"运动参数设置"对话框后,可设置如下参数。

步进当量:单位为 0.001 mm/脉冲,即 μm/脉冲,数值由步进电动机驱动电源的细分数和滚珠丝杠螺距决定。例:细分为 10,即步进电动机每转为 2000 个脉冲,滚珠丝杠螺距为 4 mm,则步进当量设置为 2(计算方法为 4×1000/2000)。

C 轴步进当量的单位为 0.001 度/脉冲。

加工速度:单位为 mm/min,设置程序自动运动时的默认速度。当编程时程序中没有指定速度时,默认采用这一速度。如果程序中指定了加工速度,以指定速度为准。

启动速度:单位为 mm/min,设置程序自动运行时的初始速度。由工作台的惯性和步进当量决定,一般取值范围为 200~1000。

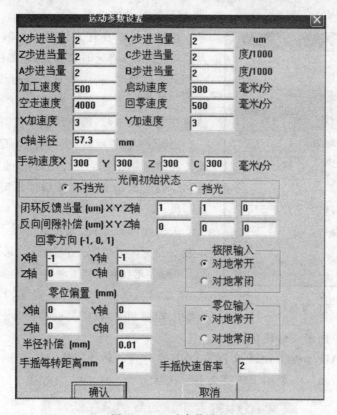

图 11-8 运动参数设置

加速度:每步加速度,单位为 mm/min^2,设置程序自动运动时的加速度。由工作台的惯性和步进当量决定,一般取值范围为 2~10。

空走速度(极限速度):单位为 mm/min,设置程序自动运动时的最大速度,即 G00 指令生效时的速度。由工作台的惯性和步进当量决定,一般取值范围为 4000~10000。

C 轴半径:单位为 mm。因为在程序中旋转轴是按角度编程的,所以速度的单位是(°)/min。但在实际加工中,为了焊接或切割均匀,要求激光束沿工件轨迹按相同线速度运行,设置 C 轴半径就是为了解决这一问题。程序根据 C 轴半径,自动调节旋转速度(半径大时转慢一点,半径小时转快一点),从而保证线速度与 X、Y、Z 轴直线运动速度相同。当 C 轴半径设为 57.3 mm(或不大于 0,此时默认为 57.3 mm)时,圆周长为 360 mm,数值上与 360°相同,每分钟旋转的角度(°)与每分钟旋转的周长(mm)相等。

回零速度:单位为 mm/min,设置工作台回零时的运动速度。

反向间隙补偿:单位为 μm,分别设置 X、Y、Z 轴的传动齿轮或丝杠间隙。

手动速度:单位为 mm/min,设置手动连续运动方式下的运动速度。由于手动移动工作台时无自动加减速,所以,该参数不能太大,一般取值范围为 200~1000。

光闸初始状态:光闸线圈无电流时光闸挡光或不挡光。

确认:设置生效,并保存参数,退出对话框。

极限输入和零位输入:低电平有效,即对 24 V 地导通有效。"对地常开"表示没有碰到极限或零位时对 24 V 地断开,建议采用"对地常开"方式。

取消:设置无效,退出对话框。

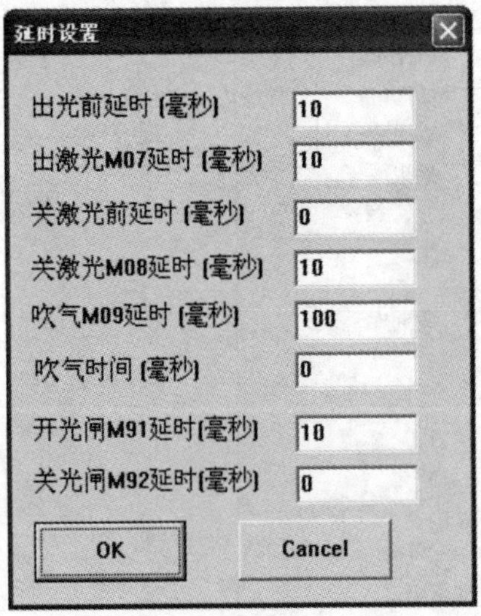

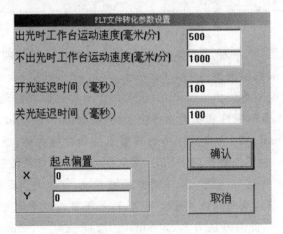

图 11-9　延时参数设置

6）延时参数设置

程序中可以在任意位置用 G04 指令插入延时。为了简化编程,将延时集中设置,如图 11-9 所示。

出光前延时:程序中有些空行程很短,从上次关激光到下次开激光之间的时间非常短,脉冲激光电源的充电时间不够,因此出激光前需要增加延时。

出激光 M07 延时:出激光后,延时,工作台再运动。在激光切割中,出激光后,要先穿孔,工作台再运动。因此出激光后需要增加延时,时间长短与板材厚度、激光功率等有关。

关激光前延时:在大多数情况下,关激光不需要延时。但有部分厂家生产的机器采用中间继电器控制开/关激光,由于中间继电器关激光存在延时,因此,需要设置关激光延时。吹气、开/关光闸采用中间继电器控制时,都需要设置延时。

7）AutoCAD 图形文件转化。

可将 AutoCAD 生成的 PLT 文件或 DXF 文件自动转化成数控加工程序,转化时的参数设置如图 11-10 所示。一般用于转换文字和任意曲线。

图 11-10　图形文件转化参数设置

8）自动编程

点击软件界面上"图形与转换"菜单下的"自动编程",则启动自动编程功能。点击工具栏上的"保存"则自动将图形转换为数控程序,并回到数控加工状态。自动编程请参考 StarCAM 手册。

9）示教编程

点击软件界面上"图形与转换"菜单下的"示教编程",则弹出如图 11-11 所示的对话框。

示教编程有"电脑操作"和"面板手动"两种模式。在"电脑操作"模式下,按"X＋""X－""Y＋""Y－""Z＋""Z－""C＋""C－",先将工作台移动到工件起点,按"直线终点"按钮定义

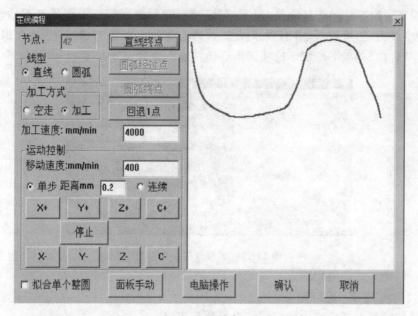

图 11-11   示教编程

该点为起点,然后移动工作台到直线转折点,按"直线终点"按钮确认。如果是圆弧,还需要在圆弧中间位置选圆弧经过点。在"面板手动"模式下,用上、下、左、右方向键移动 X、Y 轴。当按下"快速"键时,用上、下、左、右键移动 Z、C 轴。

进入示教编程后,先移动到工件起点,并用鼠标点击"直线终点"(面板操作时,按一下"Start"键)。

选择加工方式:"空走"表示不出激光;"加工"表示出激光。移动工作台到下一个转折点(短距离时选择单步移动,长距离时选择连续移动),并点击"直线终点"(面板操作时,按"Start"键)。

最后点击"确认",则完成示教编程,同时,工作台会自动移动到工件起点。

10)矩形焊接和圆形焊接

为了提高矩形零件的焊接质量,要求矩形的 4 个直角用小圆弧过渡,焊接完后,再多焊一段和起始段重叠,要求重叠长度可设置,并且要求每段转弯都没有加减速,重叠段也没有加减速,从而保证焊斑均匀。"图形与转换"菜单下增加了这项矩形焊接功能。参数设置如图 11-12 所示。

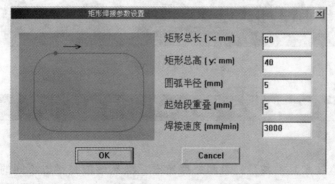

图 11-12   矩形焊接参数设置

为了提高圆形零件的焊接质量,要求焊接完整圆后,再多焊一段圆弧和起始段重叠,要求重叠长度(或角度)可设置,并且要求从整圆到重叠段之间没有加减速,从而保证焊斑均匀。"图形与转换"菜单下增加了这项圆形焊接功能。参数设置如图 11-13 所示。

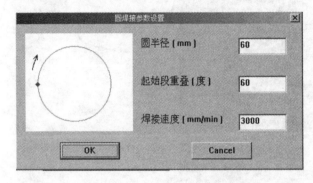

图 11-13　圆形焊接参数设置

按"打开"调入编好的程序。

按"F4"键或"运行"运行程序。

按回车键或按自动运行中的"运行"自动执行程序。

当选择面板操作时,每次按"Start"键运行程序。按"＋/－""X""Y""Z"键手动移动工作台。

11.4　项目实训——激光熔覆综合实训

任务:利用激光熔覆设备操作及调试系统完成金属材料熔覆等加工,激光熔覆样品可参考图 11-14。

图 11-14　激光熔覆样品

11.5　项目小结与思考题

1. 项目小结

(1) 激光熔覆技术是一种激光表面处理技术。激光熔覆是指以不同的添料方式在被熔覆基体表面上放置被选择的涂层材料,用激光束照射使之和基体表面薄层同时熔化,并快速凝固后形成稀释度极低且与基体成冶金结合的表面涂层,形成与基体成分和性能完全不同的合金熔覆层，显著改善基体表面的耐磨、耐腐蚀、耐热、抗氧化性能及电气特性的工艺方法，从而达到表面改性或修复的目的，既满足对材料表面特定性能的要求，又能节约大量的贵重材料。

（2）激光熔覆设备一般由激光器、冷却系统、送粉机构、工作台、计算机控制系统等部分组成。

（3）激光激光熔覆工艺参数对熔覆层的稀释率、裂纹、表面粗糙度以及熔覆零件的致密性等有很大影响。各参数之间也相互影响，是一个非常复杂的过程，须采用合理的控制方法将这些参数值控制在激光熔覆工艺允许的范围内。

2. 思考题

（1）简述激光熔覆原理。

（2）简述激光熔覆的特点。

（3）简述激光熔覆设备的基本结构。

（4）激光熔覆工艺参数有哪些？

（5）简述激光熔覆设备的操作步骤。

项目 12

激光设备仿真教学系统

项目任务要求与目标

● 了解激光仿真加工;

● 掌握激光切割机仿真教学系统的操作。

12.1　激光设备仿真教学产品

　　虚拟仿真(virtual reality)又称虚拟现实技术或模拟技术,就是用一个虚拟的系统模仿一个真实系统的技术。从狭义上讲,虚拟仿真是从 20 世纪 40 年代起伴随着计算机技术的发展而逐步形成的一类进行实验研究的新技术;从广义上讲,虚拟仿真在人类认识自然界客观规律的历程中一直被有效地使用着。由于计算机技术的发展,虚拟仿真技术逐步自成体系,成为继数学推理、科学实验之后人类认识自然界客观规律的第三类基本方法,而且正在发展成为人类认识、改造和创造客观世界的一项通用性、战略性技术。

　　设备的使用和维修采用实装的训练方式普遍存在成本高、难度大、风险高、周期长的缺点,利用虚拟仿真技术将训练的部分内容转移到虚拟设备上,能在很大程度上弥补这些缺点。同时,基于虚拟设备的训练不受时间、空间以及天气的限制,不受设备数量的限制,可反复实施而几乎不会增加成本。尤其对于设备的维修训练来说,用实物设备来模拟各种故障几乎无法实现,而采用虚拟设备却可以轻松制造各种故障,有利于学生在逼真的虚拟环境中使用各种仪器和工具对虚拟设备进行检测和部件更换,熟练掌握不同故障的维修方法。具体来说,与实装设备维修训练相比,虚拟设备维修训练系统的优点如下。

　　① 成本更低。一次性投入,可无限复制,单套产品成本低。

　　② 应用范围不受限制。不受场地硬件的限制,在普通电脑上运行,可人手一套。

　　③ 表现元素更丰富。可以集文字、声音、图像、视频、动画、控制逻辑、数据库等于一体。

　　④ 表现力更直观。可以任意视角、任意距离观看设备的任何一个外部或内部部件,同时超现实手段的运用可以将设备的工作原理以更直观的方式表达出来。

　　⑤ 训练更人性化。学生进行虚拟的操作训练,不用担心损坏设备,在操作的过程中如果出现错误还有语音和文字提示。

　　⑥ 更易修改和扩充。当设备进行修改或升级时,软件系统也能方便地进行更新,升级成本远低于实物教学设备的升级。

激光设备仿真教学系列产品包括多功能激光加工机仿真教学系统、激光雕刻切割一体机仿真教学系统、激光切割机仿真教学系统、激光打标机仿真教学系统等。

1. 总体架构

每款产品都采用一台教师机加上若干台学生机的局域网架构，总体架构如图 12-1 所示。

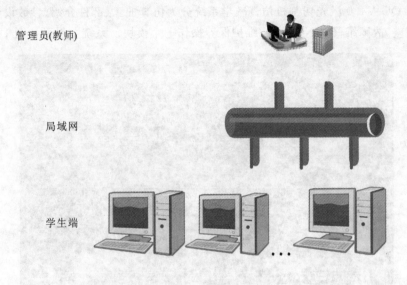

图 12-1　总体架构图

学生可以在学生机上进行自主学习和训练。教师机主要由教师进行操作，其主要功能包括学生登录管理、教师出题、评分规则编辑、考核过程自动记录、考核自动点评、学生成绩管理等。

2. 系统结构

产品的系统结构如图 12-2 所示。一般激光设备仿真教学系统包括部件介绍、仿真加工、光学调整、故障维修、维护保养等模块。

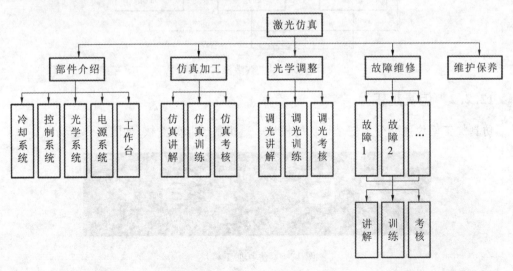

图 12-2　系统结构

12.2 激光切割机仿真教学系统

12.2.1 模块介绍

TY-RJ-QG-V4.0 激光切割机仿真教学系统分为仿真加工、部件介绍、参数设置（电源设置）、光学调整、故障维修、CNC 软件、维护保养操作七个模块。系统主界面如图 12-3 所示。

图 12-3 系统主界面

该系统的教学及训练流程大致包括课堂教学（讲解）、实物实习（训练）、考核三个环节。这三个环节环环相扣，相互影响，反复作用。一般的教学及训练过程都遵循这种模式，因此在系统中，每一个模块都基本包含讲解、训练和考核三部分，如图 12-4 所示。

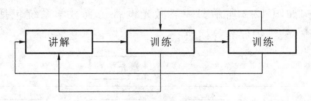

图 12-4 教学模式

12.2.2 仿真加工

仿真加工模块主要分为三个子功能模块——讲解、训练、考核，如图 12-5 所示。

图 12-5 仿真加工模块

仿真加工主要对激光切割机的正常操作过程进行仿真模拟。通过对激光切割机的仿真模拟学习，学生能更快地学习和掌握激光切割机的使用方法。学生通过讲解模式，学习如何设置和使用激光切割机,再通过训练模式巩固所学知识,最后通过考核模式对自身的学习成果进行测试。

1. 讲解

在讲解模式下,系统会通过文字、语音、动画、图片等多种元素演示激光切割机的操作、设置、维修等过程。学生通过观看视频动画,以及学习语音等的讲解说明,学习怎样设置和使用激光切割机。讲解界面如图 12-6 所示。

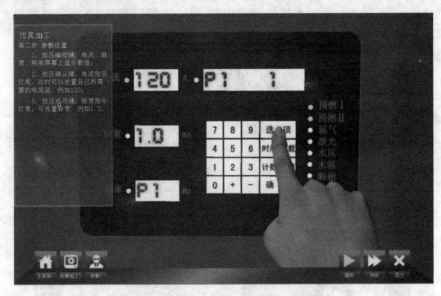

图 12-6 讲解界面

2. 训练

在训练模式下,系统会给出步骤提示。当操作错误时,系统会给出操作错误提示。训练界面如图 12-7 所示。

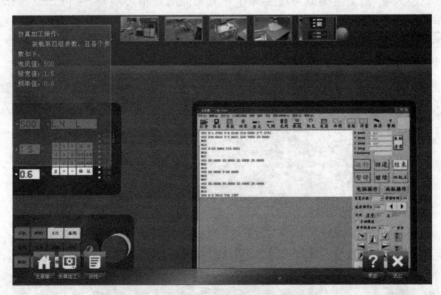

图 12-7 训练界面

操作要求:系统给出当前训练内容,并提出要求,学生按要求完成训练内容。

视角导航:点击不同的视角按钮,三维环境中视角会调整到相应的位置。

操作提示:每次操作时,系统会弹出提示框,提示是否确定当前操作。选择"是",系统进行当前操作;选择"否",系统取消当前操作。

工具栏:在不使用工具按钮时,工具栏会自动隐藏到屏幕右边,当鼠标靠近或经过时,工具栏会自动弹出。点击相应的工具,则系统会在工具车上自动选择所点击的工具。

菜单按钮:进入模块或返回模块。

帮助按钮:当在操作过程中不能继续操作时,可点击帮助按钮,系统会显示整个操作流程步骤提示,如图 12-8 所示。

退出按钮:退出系统。

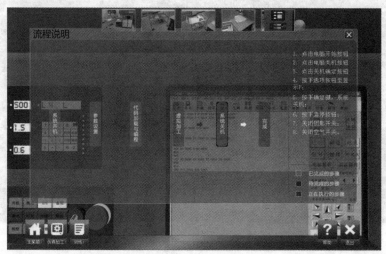

图 12-8　帮助流程界面

3. 考核

在考核模式下,系统会模拟与现实操作环境相同的虚拟环境,学生可任意操作,系统不会有操作提示和错误提示,考核界面如图 12-9 所示。进入考核,系统会将操作过程录制为视频文件。考核完成后,点击"交卷"按钮,如图 12-10 所示,系统会计算考核分数,给出评价,并点评和回放操作过程。

图 12-9　考核界面

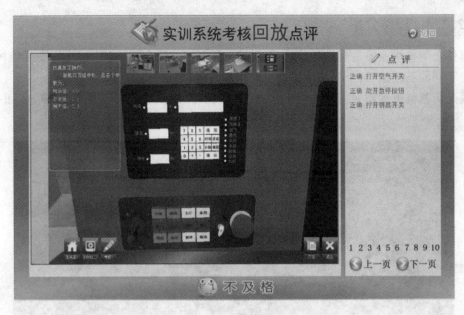

图 12-10 点评界面

仿真加工流程如图 12-11 所示。

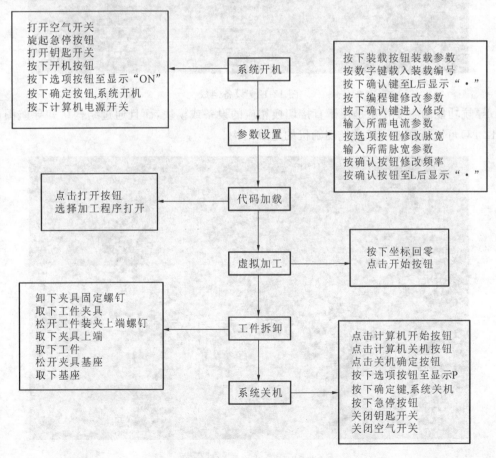

打开空气开关
旋起急停按钮
打开钥匙开关
按下开机按钮
按下选项按钮至显示"ON"
按下确定按钮,系统开机
按下计算机电源开关

→ 系统开机

按下装载按钮装载参数
按数字键载入装载编号
按下确认键至L后显示"·"
按下编程键修改参数
按下确认键进入修改
输入所需电流参数
按选项按钮修改脉宽
输入所需脉宽参数
按确认按钮修改频率
按确认按钮至L后显示"·"

参数设置

点击打开按钮
选择加工程序打开

← 代码加载

虚拟加工 →

按下坐标回零
点击开始按钮

卸下夹具固定螺钉
取下工件夹具
松开工件装夹上端螺钉
取下夹具上端
取下工件
松开夹具基座
取下基座

← 工件拆卸

系统关机 →

点击计算机开始按钮
点击计算机关机按钮
点击关机确定按钮
按下选项按钮至显示P
按下确定键,系统关机
按下急停按钮
关闭钥匙开关
关闭空气开关

图 12-11 仿真加工流程

12.2.3 部件介绍

部件介绍模块主要是对设备的作用、特点、功能等进行介绍,同时将设备按照结构组成分解成不同的系统进行介绍,使得学生在使用的过程中对设备更加了解。

激光切割机由运动系统、激光电源、光学系统、控制系统及冷却系统组成,如图 12-12所示。

图 12-12 设备组成

导航功能的主要作用是便于直接切换相应的设备或模块,而且通过结构认知导航图(见图 12-13)可以清晰地了解激光切割机的组成结构。

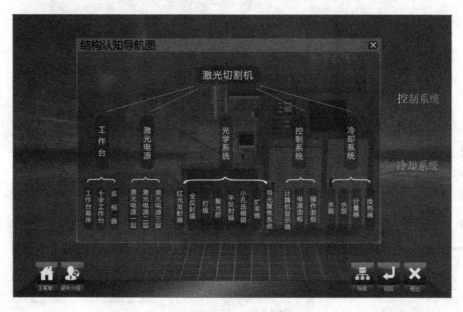

图 12-13 结构认知导航图

1. 运动系统

运动系统主要由加工监视器、十字工作台、工作台基座组成,如图 12-14 所示。

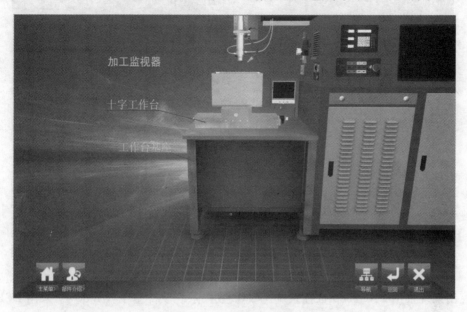

图 12-14　运动系统组成

设备采用二维精密进口滚珠丝杠及导轨工作台,由步进电动机驱动。X、Y 轴采用二维自动移动平台,工作台行程为 300 mm×300 mm,复位精度不超过 0.01 mm,定位精度不超过 0.02 mm。Z 轴采用自动升降系统,升降范围为 0~150 mm。

运动系统部件介绍如图 12-15 所示。

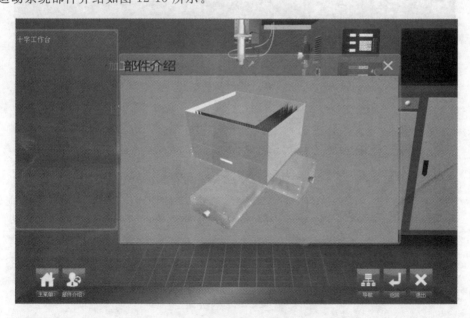

图 12-15　部件介绍

2. 控制系统

控制系统主要由参数设置面板、机床控制面板、计算机显示器组成,如图 12-16 所示,主要用于控制设备运动、设置参数等。

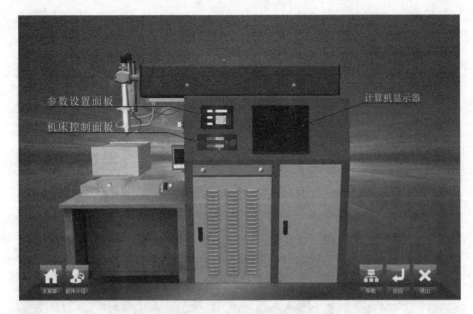

图 12-16　控制系统组成

控制系统采用 CNC2000 数控系统。CNC 数控系统软件基于 Windows，采用 DSP 技术开发，工业计算机基本配置为 C4 2.0G 处理器，1G 内存，160G 硬盘，17 英寸液晶显示器，中英文键盘，中文 Windows 操作系统，具备 USB 接口，以太网卡。硬件采用 PCI 接口，可通过激光电源的 232 接口实现对激光器的控制，并具有连锁冷却系统、显示报警故障等功能。

控制系统部件介绍如图 12-17 所示。

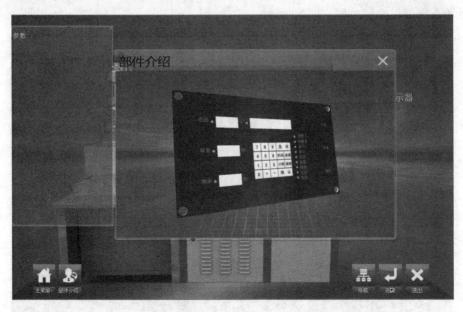

图 12-17　部件介绍

3. 光学系统

光学系统由红光发射器、半反射镜、全反射镜、灯极、小孔选模架、扩束镜、导光聚焦系统等组成，如图 12-18 所示。

光学系统部件介绍如图 12-19 所示。

156

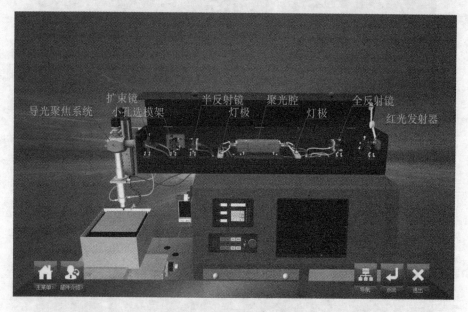

图 12-18　光学系统组成

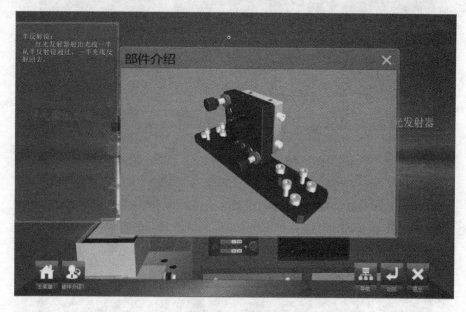

图 12-19　部件介绍

4. 电源系统

电源系统主要由三层电源组成,如图 12-20 所示。每层电源的组成如图 12-21 所示。电源是激光焊接机的重要组成部分,它可供激光焊接机的脉冲氙灯工作,其脉冲频率、脉冲电流、脉冲宽度均可调。

电源系统部件介绍如图 12-22 所示。

5. 冷却系统

该系统配备外部独立的制冷机组作为冷却系统。冷却系统由水箱、水泵、流量计、制冷机等组成,如图 12-23 所示。冷却介质为去离子水、蒸馏水或纯净水。水温调节范围 8～40 ℃。

图 12-20 电源系统组成

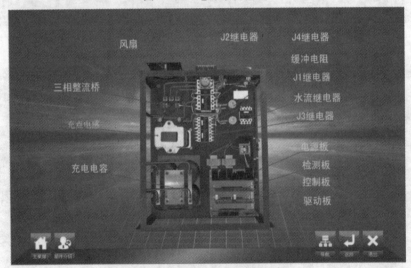

图 12-21 电源组成

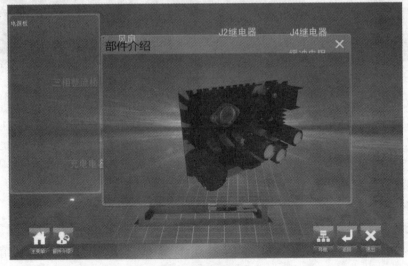

图 12-22 部件介绍

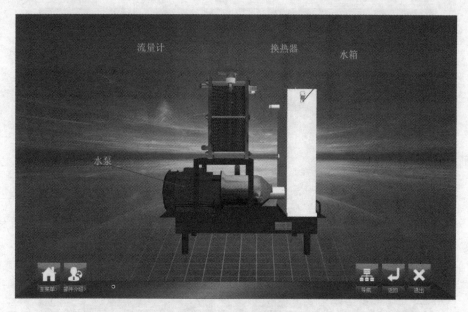

图 12-23 冷却系统组成

冷却系统部件介绍如图 12-24 所示。

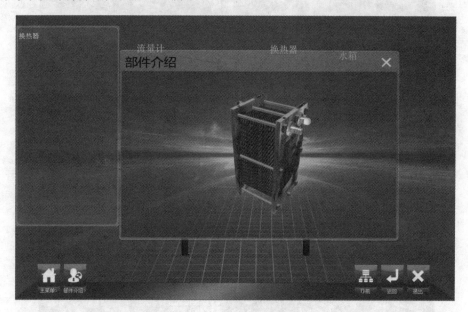

图 12-24 部件介绍

12.2.4 参数设置

参数设置模块主要介绍电源参数设置,如图 12-25 所示。学生通过对电源参数的学习,掌握设置参数的方法和注意事项。

参数设置每个子模块都包括讲解、训练、考核三个模式,如图 12-26 所示。

1.讲解

在讲解模式下,系统会通过文字、语音、动画、图片等多种元素演示相关操作的步骤。学生通过对讲解模式的学习,了解电源参数设置的步骤和方法。讲解界面如图 12-27 所示。

图 12-25　电源设置模块

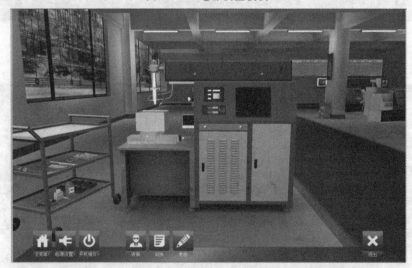

图 12-26　参数设置子模块

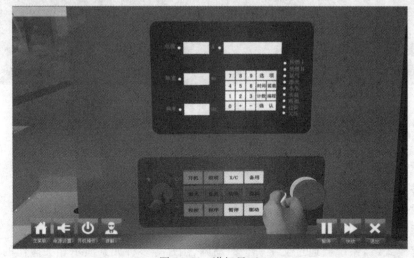

图 12-27　讲解界面

2. 训练

训练模式主要帮助学生完成对知识的吸收和巩固。训练模式提供交互式学习环境,学生通过鼠标在三维环境中操作。当操作错误时,系统会给出操作错误提示;当操作完成后,点击"查看结果",系统会给出完成或未完成的提示。训练界面如图 12-28 所示。

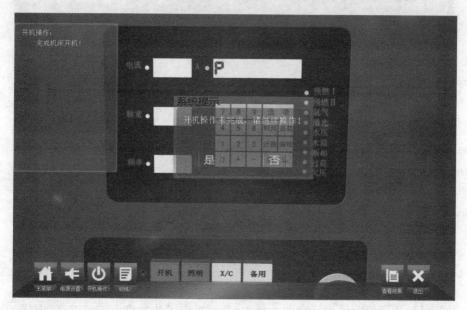

图 12-28　训练界面

3. 考核

考核模式主要对学生知识掌握程度进行检测。在考核模式下,三维环境中的设备按钮全开放,系统不会给出错误提示,考核界面如图 12-29 所示。学生根据自己所学的知识来操作,操作完成后点击"交卷",如图 12-30 所示,系统会计算考核分数,给出评价,并点评和回放操作过程。

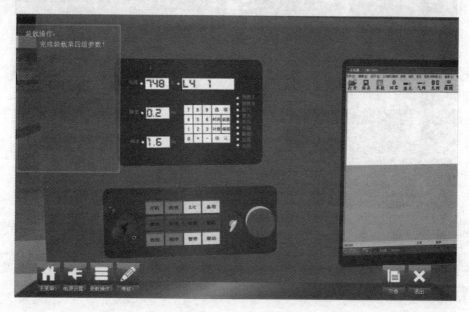

图 12-29　考核界面

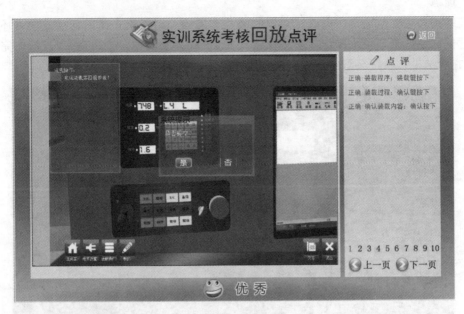

图 12-30　点评界面

12.2.5　光学调整

　　光学调整模块主要对机床进行调光操作,分为三个子功能模块——讲解、训练、考核,如图 12-31 所示。

图 12-31　光学调整模块

1.讲解

　　在讲解模式下,系统会通过文字、语音、动画、图片等多种元素演示相关操作、设置、维修等过程。讲解界面如图 12-32 所示。

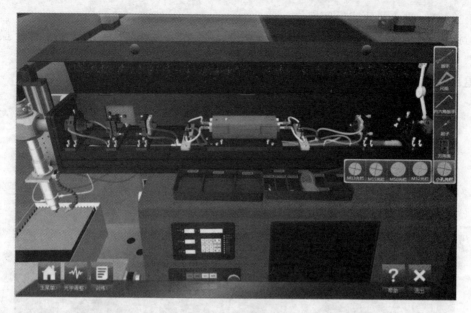

图 12-32　讲解界面

2. 训练

在训练模式下,系统会给出步骤提示。当操作错误时,系统会给出操作错误提示。训练界面如图 12-33 所示。

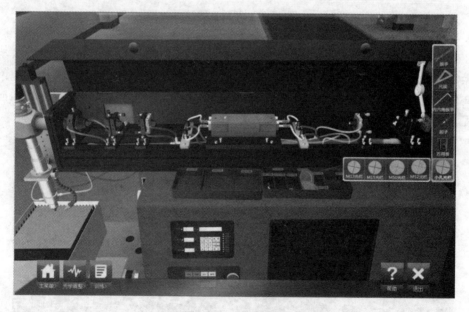

图 12-33　训练界面

操作要求:系统给出当前训练内容,并提出要求,学生按要求完成训练内容。

视角导航:点击不同的视角按钮,三维环境中视角会调整到相应的视角位置。

操作提示:每次操作时,系统会弹出提示框,提示是否确定当前操作。选择"是",系统进行当前操作,选择"否",系统取消当前操作。

工具栏:在不使用工具按钮时,工具栏会自动隐藏到屏幕右边,当鼠标靠近或经过时,工具栏会自动弹出。点击相应的工具,则系统会在工具车上自动选择所点击的工具。

菜单按钮:进入模块或返回模块。

帮助按钮:当在操作过程中不能继续操作时,可点击帮助按钮,系统会显示整个操作流程步骤提示,如图 12-34 所示。

退出按钮:退出系统。

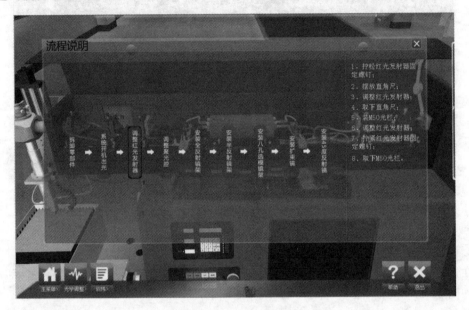

图 12-34　帮助流程界面

3. 考核

在考核模式下,系统会模拟与现实操作环境相同的虚拟环境,学生可任意操作,系统不会有操作提示和错误提示,考核界面如图 12-35 所示。进入考核,系统会将操作过程录制为视频文件。考核完成后,点击"交卷"按钮,系统会计算考核分数,给出评价,并点评和回放操作过程。

图 12-35　考核界面

光学调整流程如图 12-36 所示。

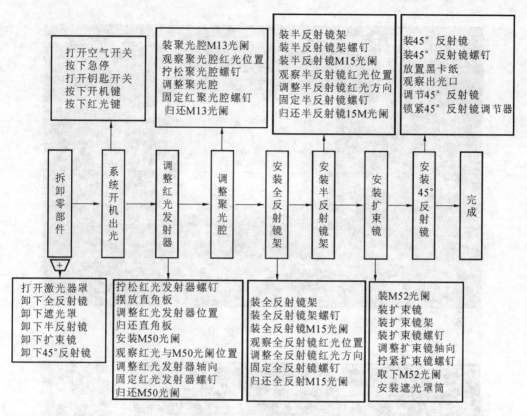

图 12-36　光学调整流程

12.2.6　故障维修

故障维修模块主要分为三个子功能模块——讲解、训练、考核,如图 12-37 所示。

图 12-37　故障维修模块

其训练界面如图 12-38 所示,帮助界面如图 12-39 所示。

图 12-38　训练界面

图 12-39　帮助界面

进入三个子功能模块都会弹出一个故障植入框,如图 12-40 所示。故障植入框主要用于向虚拟仿真系统中植入造成故障的原因。在故障框中会涉及 1 个故障现象和 11 个产生该现象的可能原因,单击某个故障可能原因,再单击"确定"即可植入需要的故障,或直接双击需要植入的故障可能原因。例如:鼠标左键单击"氙灯线路连接故障",再单击"确定"即可完成故障植入操作。

图 12-40 故障植入框

12.2.7　CNC 软件

单击"CNC 软件",系统进入 CNC 软件模块,如图 12-41 所示,其操作界面如图 12-42 所示。CNC 软件界面与真实机床软件界面相同,在虚拟的 CNC 软件中可编写程序、打开文件、保存文件等,并可控制机床运动。

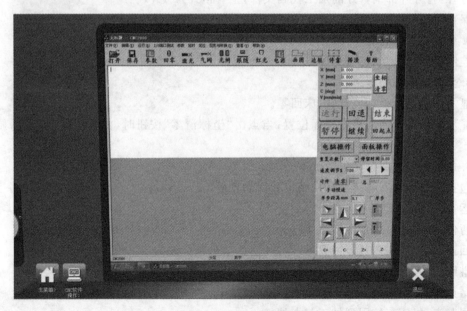

图 12-41　CNC 软件模块

1. 菜单栏

包括打开、保存、参数等工具菜单。

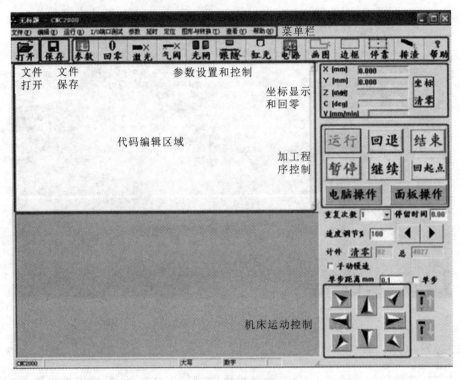

图 12-42　CNC 软件操作界面

2. 打开与保存

打开：打开外部编辑好的加工代码文件，主要格式为 TXT。

保存：保存软件编辑过的代码文件。

3. 参数设置和控制

控制机床出激光、关激光等。

4. 坐标显示和回零

显示当前机床坐标位置，机床回零。

显示区域显示当前机床坐标位置；当点击"坐标清零"按钮时，机床回零点，坐标显示都为 0。

5. 加工过程控制

包括运行、暂停、继续、回退、结束和回起点等。

运行：机床加工程序运行开始。

暂停：程序加工过程中暂停执行。

回退：在程序加工暂停情况下，点击"回退"，机床会根据加工程序反向执行。

继续：在程序加工暂停情况下，点击"继续"，机床会继续执行加工程序。

结束：当在机床加工过程中，点击"结束"结束当前加工程序。

回起点：机床直接回到加工起点处。

电脑操作：当点击"电脑操作"时，机床只受电脑控制，机床面板按钮对机床暂时无效。

面板操作：当点击"面板操作"时，机床只受机床面板控制，电脑上的控制按钮对机床暂时无效。

6. 机床运动控制

控制机床工作台 X、Y 轴等沿 8 个方向运动。

12.2.8 维护保养

维护保养模块主要对机床的日常维护保养操作、注意事项等进行详细介绍。

维护保养内容包括整机保养、主光路保养、电气控制保养、冷却系统保养、运动部件保养及维护保养注意事项等,如图 12-43 所示。

图 12-43 维护保养模块

1. 整机保养

整机保养主要是对设备整体的维护保养进行教学,包括日维护、周维护、月维护及设备检验等,如图 12-44 所示。

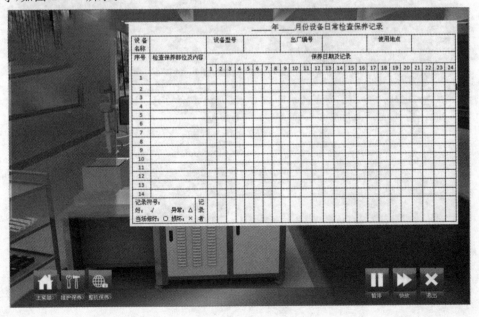

图 12-44 整机保养

2. 主光路保养

（1）光路的检查：机器的光学系统是由反射镜的反射与聚焦镜的聚焦共同完成的，在光路中聚焦镜不存在偏移问题，但三个反射镜是由机械部分固定的，偏移的可能性较大。虽然通常情况下不会发生偏移，但建议每次工作前检查一下光路是否正常，如图 12-45 所示。

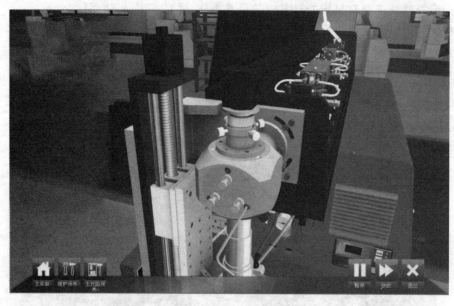

图 12-45　光路检查

（2）镜片的清洁：激光通过反射镜、聚焦镜等的镜片反射、聚焦后从激光头发射出来。镜片很容易沾上灰尘或其他污染物，造成激光损耗或镜片损坏。所以每天要对镜片进行清洁。清洁的同时要注意：① 应轻轻擦拭，不可损坏表面镀膜；② 擦拭过程应轻拿轻放，防止跌落；③ 聚焦镜安装时请务必保持凹面向下。

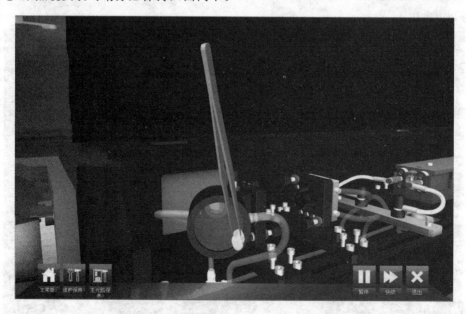

图 12-46　镜片清洁

3. 电气控制保养

定期检查控制电路,更换老化器件,特别是对在有特殊要求的环境中工作的设备,需要更频繁地检查暴露在空气中的电线及保护套,防止其被腐蚀后造成的电气损坏,如图 12-47 所示。

图 12-47 电气控制保养

4. 冷却系统保养

冷却系统保养如图 12-48 所示。

图 12-48 冷却系统保养

(1)循环水的更换和水箱清洗:在机器工作前一定保证激光管充满循环水。循环水的水质及水温直接影响激光管的使用寿命,所以要定期(最好每周一次)更换循环水和清洗水箱。

（2）螺钉、联轴节的紧固：运动系统在工作一段时间后，运动连接处的螺钉、联轴节会产生松动，会影响机械运动的平稳性，所以在机器运行中要观察传动部件有没有异响或异常现象，发现问题要及时维护。同时应该每隔一段时间用工具逐个紧固螺钉。第一次紧固应在设备使用后一个月左右。

12.3　项目小结与思考题

1. 项目小结

（1）学生可以在激光仿真教学系统的学生机上进行自主学习和训练。教师机主要由教师进行操作，其主要功能包括学生登录管理、教师出题、评分规则编辑、考核过程自动记录、考核自动点评、学生成绩管理等。

（2）TY-RJ-QG-V4.0 激光切割机仿真教学系统分为仿真加工、部件介绍、参数（电源）设置、光学调整、故障维修、CNC 软件、维护保养操作七个模块。

2. 思考题

（1）简述激光设备仿真教学系统产品的基本架构。

（2）简述 TY-RJ-QG-V4.0 激光切割机仿真教学系统操作步骤。

附录 A　激光基础术语

序号	术语	英文	说　明
1	激光	laser	受激辐射放大所发出的光
2	激光加工	laser beam machining	利用高能量密度激光使工件材料移除、变形、改形、沉积、连接等加工方法
3	激光束	laser beam	空间定向的激光辐射
4	自发辐射	spontaneous emission	处于高能级的粒子按一定概率自发跃迁到低能级上去,同时发射光子的现象
5	受激辐射	stimulated emission	在辐射场作用下,处于高能级的粒子向低能级跃迁,并发射出与外来光子完全相同的光子的现象
6	受激吸收	stimulated absorption	处于低能级的粒子受到外来光子的刺激作用,完全吸收光子的能量而跃迁到高能级的过程
7	粒子数反转	population inversion	高能级的粒子数多于低能级的粒子数时产生的一种非热力学现象
8	光增益	gain of light	光在介质中传播时,其强度随着距离的增加而逐渐增强的现象
9	激活介质	active medium	有光增益作用的介质
10	增益饱和	gain saturation	当光强度增加到一定程度后,激活介质的增强系数随光强增加而减小的现象
11	光学谐振腔	optical resonator	能在空间内激励确定类型光频电磁波的本征振荡的光学系统
12	波长	wavelength	沿着波的传播方向,在波形图中相对平衡位移时刻相同的两个质点之间的距离
13	基模	fundamental mode	光学谐振腔中的最低阶模
14	纵模	longitudinal mode	在长度为 L 的光学谐振腔内,沿电磁波传播方向的电场分布本征函数。纵模数($q=2L/R$)描述其在传播方向上的行为,其值为光学谐振腔反射镜之间的驻波波长的一半
15	横模	transverse mode	光学谐振腔内垂直电磁波传播方向的电场分布的本征函数,或垂直电磁波传播方向光束密度分布的本征函数
16	光束直径	beam diameter	在垂直光束平面内,包含总光束功率(或能量)规定百分数的最小孔的直径
17	高斯光束	Gaussian beam	光束横截面的电场振幅分布函数为高斯分布的光束
18	平均能量密度	average energy density	与一定时间内脉冲数量、单位脉冲能量成正比,单位为 J/cm^2
19	平均功率	average power	脉冲能量与脉冲重复频率的乘积
20	脉冲持续时间	pulse duration	激光脉冲上升和下降到其值为峰值功率的 10% 时的最大时间间隔,单位为 s
21	脉冲重复频率	pulse repetition rate	重复脉冲激光器每秒钟发出的脉光激光数
22	脉冲能量	pulse energy	一个脉冲所含有的辐射能量
23	峰值功率	peak power	功率时间函数的最大值

附录 B　激光技术及激光器术语

序号	术语	英文	说　明
1	泵浦	pumping	将能量供给粒子,使其由低能级跃迁到高能级
2	倍频	frequency doubling	激光通过非线性晶格时,能使出射光频率为入射光频率的两倍
3	调 Q	Q-spoiling	使激光器谐振腔 Q 值由低突然到高的过程
4	开关时间	switching	在带有 Q 开关的激光器中,Q 开关的通断使谐振腔 Q 值从最小值变到最大值所经历的时间
5	锁模	mode locking	对激光进行特殊调制,使激光器中振荡各纵模的相位互相保持固定关系的方法
6	自锁模	self mode-locking	使激光介质自身的非线性效益实现的方法
7	稳频	frequency stabilization	使输出激光频率稳定的技术
8	工作物质	laser material	在一定条件下具有光增益作用的物质
9	红宝石	ruby	含有少量 Cr^{3+} 的氧化铝单晶
10	泵浦灯	pumping lamp	用来泵浦激光工作物质的灯
11	激光器泵浦腔	laser pumping cavity	将泵浦光能聚焦到工作物质反射器,又称为聚光腔
12	Q 开关	Q-switch	实现调 Q 的器件
13	脉冲激光器	pulse laser	以单脉冲或者序列号脉冲形式发出能量的激光器,一个脉冲的持续时间少于 0.25 s
14	连续激光器	CW(continuous wave) laser	在不少于 0.25 s 期间连续辐射的激光器
15	固体激光器	solid state laser	以固体为工作物质的激光器
16	气体激光器	gas state laser	以气体为工作物质的激光器
17	半导体激光器	semiconductor laser	以半导体为工作物质的激光器
18	染料激光器	dye laser	以激光染料为工作物质的激光器
19	化学激光器	chemical laser	通过化学反应来实现粒子数反转的激光器
20	光纤激光器	fiber laser	以掺杂光纤为工作物质的激光器

参 考 文 献

[1] 倪亚茹,刘启华. 激光技术的发展历程及其主要科学技术源流[J].南京工业大学学报(社会科学版),2004,3(1):67-72.

[2] 肖荣诗.激光加工技术的现状及发展趋势[C]//中国机械工程学会特种加工分会.第十三届全国特种加工学术会议论文集.哈尔滨:哈尔滨工业大学出版社,2009.

[3] 曹凤国.激光加工[M].北京:化学工业出版社,2015.

[4] 威廉 M 斯顿.材料激光工艺过程[M]. 蒙大桥,张友寿,何建军,等,译.北京:机械工业出版社,2012.

[5] Green M. The new laser hazard classification scheme[J]. Industrial Laser User,2002,38.

[6] 关振中.激光加工工艺手册[M].北京:中国计量出版社,2007.

[7] 宫元九,夏斐,孙嘉兴.激光标刻系统几何失真的校正方法[J].电子测量技术,2014,37(10):25-28.

[8] 阳建华,张帅,陈继民.高功率紫外激光切割铜薄膜的实验研究[J].应用激光,2005,25(5):289-292.

[9] 蒋明.激光飞行标刻系统及激光加工机器人控制与仿真研究[D].武汉:华中科技大学,2011.

[10] 白帆,戴玉堂,徐刚,等.基于157nm深紫外激光的蓝宝石基片微加工[J].激光技术,2010,34(5):636-639.

[11] 李亚江,李嘉宁,等.激光焊接/切割/熔覆技术[M]. 2 版.北京:化学工业出版社,2016.

[12] 钟敏霖,宁国庆,刘文今.激光熔覆快速制造金属零件研究[J].激光技术,2002,26(5):388-391.

[13] 陈磊,刘其斌.激光熔覆制备高熵合金 MnCrTiCoNiSix 涂层组织与性能的分析[J].应用激光,2014,34(6):494-498.

[14] 王威,林尚扬,徐良,等. 中厚钢板大功率固体激光切割模式[J].焊接学报,2015,36(4):39-42.

[15] 陈继民,肖荣诗,左铁钏,等. 激光切割工艺参数的智能选择系统[J].中国激光,2004,31(6):757-760.

[16] 刘顺洪,等.激光制造技术[M].武汉:华中科技大学出版社,2011.

[17] KAUL R,GANESH P,SINGH N,et al. Effect of active flux addition on laser welding of austenitic stainless[J]. Science & Technology of Welding & Joining,2013,12(2):127-137.

[18] 刘莹,温诗铸.不同材料的准分子激光微细加工机制[J].机械科学与技术,2005,24(1): 62-65.

[19] 陈发良,李东海. 基于 Fokker-Planck 方程的电介质材料短脉冲激光破坏机制分

析[J].强激光和粒子束,2011,23(2):334-338.

[20]　ZHANG L,LI K,XU D,et al. A 7.81W 355 nm ultraviolet picosecond laser using La2CaB10O9 as a nonlinear optical crystal[J]. Optics Express,2014,22(14):17187-17192.

[21]　白振番,白振旭,陈檬,等. LD泵浦全固态355 nm紫外皮秒脉冲激光器[J].应用光学,2012,33(4):804-807.

[22]　姜志兴,毛小洁,庞庆生,等. 大能量多波段皮秒激光技术研究计[J].激光与红外,2014,44(9):994-97.

[23]　HECKL OH,SIEBERT C,SUTTER D,et al. Perfect precision in industrial micro machining[J]. Laser Technik Journal,2012,9(2):42-47.

[24]　FEND G B,SHAO B B,et al. Energy measurement of pulsed high-repetition-rate laser[J]. Chinese Optics,2013,6(2):196-200.

[25]　HERRMANN T,KLIMT B,SIEGEL F. Micromachining with picoseconds laser pulses[EB/OL]. http://www.industrial-lasers.com/articles,2015.

[26]　LI Y,ZHU Y. Research of quarts glass precise scribing by 1064 nm picoseconds laser[J]. Laser Journal,2015,36(1):132-136.

[27]　BIAN X W,CHEN M,LI G. Study on machining of sapphire by 355nm nanosecond and 1064 nm picoseconds laser[J]. Laser & Optoeletronics Progress,2016,53(5).

[28]　郑启光,邵丹. 激光加工工艺与设备[M]. 北京:机械工业出版社,2010.

[29]　曹明翠,郑启光,等. 激光热加工[M].武汉:华中理工大学出版社,1995.

[30]　陈家璧,彭润玲. 激光原理及应用[M].3版. 北京:电子工业出版社,2013.

[31]　施亚齐,戴梦楠.激光原理与技术[M].武汉:华中科技大学出版社,2012.

[32]　陈家璧.激光技术及应用[M].北京:电子工业出版,2010.

[33]　王中林,王绍理.激光加工设备与工艺[M].武汉:华中科技大学出版社,2011.

[34]　杜羽.激光加工实训[M].北京:科学出版社,2015.

[35]　汤伟杰,李志军.现代激光加工实用实训[M].西安:西安电子科技大学出版社,2015.

[36]　王秀军,徐永红.激光加工实训技能指导理实一体化教程[M].武汉:华中科技大学出版社,2014.

[37]　杭州东镭激光科技(EzCad2.0)软件使用手册.杭州东镭激光科技有限公司,2014.

[38]　CNC2000数控软件使用说明书.武汉新特光电技术有限公司,2013.